वैकल्पिक ऊर्जा का सच

डॉ. अजय शंकर पांडेय

पिता का नाम : श्री राम प्रकाश पांडेय

स्थायी पता : 33/2, स्टैनली रोड, इलाहाबाद

शैक्षिक योग्यता : हाई स्कूल (प्रथम श्रेणी), इंटरमीडिएट (प्रथम श्रेणी), बी.ए. (प्रथम श्रेणी, इलाहाबाद विश्वविद्यालय में पाँचवाँ स्थान), एम.ए. (आधुनिक इतिहास, प्रथम श्रेणी, इलाहाबाद विश्वविद्यालय में तीसरा स्थान), पी-एच.डी. (विषय : बीसवीं शताब्दी के पूर्वार्द्ध में यू.पी. में अपराध स्थिति एवं पुलिस प्रशासन), डी.लिट, (अध्ययनरत) (विषय लैंड मैनेजमेंट सिस्टम इन यू.पी.)

अनुभव : सी.एम.पी. कॉलेज, इलाहाबाद विश्वविद्यालय में मध्यकालीन इतिहास विभाग में दो वर्ष तक प्रवक्ता के रूप में कार्य किया।

वर्ष 1986 में उ.प्र. सिविल सेवा में चयन।

जनपद चमोली, मिर्जापुर, कानपुर देहात, उन्नाव, आगरा, फिरोजाबाद एवं अलीगढ़ में उप-जिलाधिकारी; मुख्यमंत्री सचिवालय, उ.प्र. में संयुक्त सचिव सहित सचिव वैकल्पिक ऊर्जा विकास; अधिशासी निदेशक, उ.प्र. पर्यटन विकास निगम; और म्युनिसिपल कमिश्नर, गोरखपुर जैसे महत्त्वपूर्ण पदों पर कार्य किया।

प्रकाशित पुस्तकें : स्वाधीनता संघर्ष और पुलिस (पं. गोविन्द वल्लभ पंत पुरस्कार से सम्मानित), नई सहस्त्राब्दी में पुलिस कैसी हो? (पं. गोविन्द वल्लभ पंत पुरस्कार से सम्मानित), हिटलर का यातना-गृह... कॉन्सन्ट्रेशन कैम्प में तीन घंटे, पर्यावरण एवं नगरीय अपशिष्ट।

आवरण : राजकमल स्टूडियो

वैकल्पिक ऊर्जा का सच

डॉ. अजय शंकर पांडेय

समझदार पेपरबैक्स
राजकमल

राजकमल पेपरबैक्स में
पहला संस्करण : 2008
पहली आवृत्ति : 2012

राजकमल पेपरबैक्स : उत्कृष्ट साहित्य के जनसुलभ संस्करण

राजकमल प्रकाशन प्रा. लि.
1-बी, नेताजी सुभाष मार्ग
नई दिल्ली-110 002
द्वारा प्रकाशित

शाखाएँ : अशोक राजपथ, साइंस कॉलेज के सामने, पटना-800 006
पहली मंजिल, दरबारी बिल्डिंग, महात्मा गांधी मार्ग, इलाहाबाद-211 001

वेबसाइट : www.rajkamalprakashan.com
ई-मेल : info@rajkamalprakashan.com

बी.के. ऑफसेट
नवीन शाहदरा, दिल्ली-110 032
द्वारा मुद्रित

मूल्य : ₹ 60

आवरण : राजकमल स्टूडियो

VAIKALPIK OORJA KA SACH
by Dr. Ajay Shankar Pandey

ISBN : 978-81-267-1509-1

भूमिका

विश्वीकरण (Globalisation) के अद्यतन आर्थिक चरण के साथ ही ग्लोबल प्रॉबलम्स (विश्वीकरण समस्याओं) को भी जोर-शोर से उठाना शुरू किया गया है। ग्लोबल वार्मिंग, ग्रीन हाउस इफेक्ट, ओजोन लेयर के क्षरण, ऊर्जा के पारम्परिक स्रोतों की समाप्ति आदि को ऐसी समस्याओं के रूप में उभारा जा रहा है जैसे कि पूरी की पूरी पृथ्वी संकट में है। सभी देश चाहे वह अमीर, हो या गरीब, एक ग्लोबल फैमली (वैश्विक परिवार) के रूप में इस संकट से प्रभावित है। यह तर्क भी बार-बार अन्तर्राष्ट्रीय मंच पर खड़ा किया जा रहा है कि पूरे विश्व की मानव जाति को एक वैश्विक परिवार के रूप में इस समस्या से निपटने के लिए आगे आना होगा क्योंकि पूरी मानव जाति संकट ग्रस्त है, उसका मुकाबला भी एक ग्लोबल विलेज के सदस्य के रूप में सभी को करना है।

परन्तु ऊपर गिनाई गई इन पर्यावरणीय वैश्विक समस्याओं के लिए कौन जिम्मेदार है, इसका विश्लेषण करने में पारदर्शिता नहीं बरती जा रही है। इन समस्याओं के निदान के लिए जिन उपायों, नीतियों की चर्चा की जा रही है उसमें कौन साधन सम्पन्न है? कौन विपन्न है? समस्याओं को जन्म देने में किसकी क्या भूमिका रही है? किसका सामाजिक हित एवं विकास की रफ्तार प्रभावित होनेवाली है? इनकी पूरी अनदेखी की जा रही है। दूसरे शब्दों में कहें तो बेईमानी बरती जा रही है। यह सोचने की बात है कि जब पूरी पृथ्वी के समक्ष बिना अमीर-गरीब के विभेद किए, पूरी मानव जाति के लिए खतरा है, तो स्वाभाविक है कि आर्थिक रूप से सम्पन्न एवं विकसित लोगों को ज्यादा से ज्यादा त्याग करने के लिए तैयार रहना चहिए एवं आगे आना चाहिए। परन्तु यदि गहराई से देखा जाए तो इन पर्यावरणीय ग्लोबल प्रॉबलम्स को उठाने एवं उनसे निपटने के उपायों के पीछे सदियों पुरानी गोरी चमड़ी के लोगों ने व्यापारिक फायदे को ही तरजीह दी है। शोषण के आदी इन पश्चिमी देशों के 'शाईलाक टाइप'[1] बिजनेस माइंड ही इन पर्यावरणीय समस्याओं से निपटने के उपायों पर हावी है। इसमें कोई दुविधा की बात नहीं है कि पर्यावरणीय संकट को प्रस्तुत करनेवाला ग्लोबल मुद्दा वास्तव में आर्थिक क्षेत्र में शुरू हुए ग्लोबलाइजेशन की एक कड़ी ही है।

---

1 विलियम शेक्सपियर के चर्चित नाटक 'मर्चेंट ऑफ वेनिस' का खलनायक जो व्यापार में कर्जदार के शरीर का मांस तक नोच लेने की प्रवृत्ति रखता है।

विषय से हटते हुए ग्लोबलाइजेशन (विश्वीकरण) सिद्धान्त और उसके व्यावसायिक निहितार्थ पर प्रकाश डालना आवश्यक होगा। यह विषयान्तर विश्वस्तर पर प्रचलित पर्यावरण संकट और उससे निपटने की विकसित देशों की मंशा का खुलासा करने में सहायक होगा। आर्थिक नीतियों के अनुसार विश्वीकरण के चार उपादान है–

1. एक देश से दूसरे देश के बीच बिना किसी रोक-टोक के वस्तुओं का आदान-प्रदान हो सके।
2. ऐसी परिस्थिति का निर्माण जिससे विभिन्न देशों की पूँजी स्वतन्त्र रूप से सभी देशों में प्रवाहित हो।
3. टेक्नोलॉजी के निर्बाध प्रवाह के लिए वातावरण सृजन।
4. ऐसा वातावरण कायम करना जिसमें विश्व के विभिन्न देशों में श्रम का निर्बाध प्रवाह हो सके।

परन्तु विश्वीकरण के समर्थक विशेष कर विकसित देशों के समर्थक विश्वीकरण की परिभाषा को पहले तीन अंगों तक ही सीमित कर देते हैं। समस्त संसार को एक सार्वभौमिक ग्राम (ग्लोबल विलेज) के रूप में मान्यता प्रदान करते हुए श्रम के निर्बाध प्रवाह की, अब-तक पूर्ण उपेक्षा की गई है। यदि विश्वीकरण में विकसित देशों की नीयत साफ-सुथरी है तो फिर श्रम-प्रवाहों की, जो विकासशील देशों के लिए सबसे अधिक महत्त्व के हैं, की उपेक्षा क्यों की गई? विश्वीकरण व्यापारिक प्रवाह तक सीमित है। एक तरफ तो विश्वीकरण की इस नीति के चलते विकासशील एवं विपन्न देशों के बाजार विकसित देशों के उत्पादन से भर गए और वहीं दूसरी ओर श्रम के निर्बाध प्रवाह के नाम पर आब्रजन (वीजा) कानून को और ज्यादा सख्त करने की नीतियाँ अपनाई जा रही है। क्या यह दोहरा मापदंड विश्वीकरण की शोषणकारी प्रवृत्ति का खुलासा करने के लिए पर्याप्त नहीं है? विकसित देशों में एकत्र पूँजी एवं निर्मित वस्तुएँ इन विकसित देशों में समस्याएँ हैं। इनके निदान एवं लाभ कमाने के रास्ते को निकाल लिया गया परन्तु विशाल आबादी, भूखमरी के कगार पर, एवं बेरोजगारी के संकट से जूझ रहे विकासशील गरीब देशों की जनसंख्या को अपने यहाँ निर्बाध प्रवेश की इजाजत देकर विकसित देश विश्वीकरण को सच्चे अर्थों में पूरा करने में क्यों कतरा रहे हैं? कारण साफ है कि उनकी मंशा विश्वीकरण की आड़ में केवल अपने व्यापारिक हितों को साधने की है।

विश्वीकरण के समर्थन में यह तर्क भी गढ़े जाते हैं कि विकासशील देश अपनी 'स्पर्धा शक्ति' को मजबूत बनाएँ–जिससे उनमें त्वरित विकास की प्रक्रिया आरम्भ हो सके। परन्तु इस तर्क में भी गहरी बेमानी है। जब-तक भारत जैसे विकासशील देश विकसित देशों के उपनिवेश रहे तब तक मनमाने ढंग से व्यापारिक नीतियाँ निर्धारित कर उपनिवेशों के बाजार को पाट दिया गया और अब विश्वीकरण के इस दौर में स्पर्धा शक्ति के नाम पर वही कार्य किया जा रहा है। यदि भारत का ही एक उदाहरण लें तो 250 वर्ष तक जिस देश की आर्थिक व्यवस्था को अंग्रेजों ने तहस-नहस कर दिया

और उसे विपन्नता की गहरी कब्र में दफन कर दिया उससे यह उम्मीद कैसे की जा सकती है कि वह विकसित देशों की स्पर्धा में खड़ा हो सकेगा। कहाँ तो हृष्ट-पुष्ट अर्थव्यवस्था वाले विकसित देश और कहाँ आर्थिक बैसाखी पर चलनेवाला भारत जैसा गरीब देश। यह तो टूटे हुए पैरवाले को 'बेन जानसन'[1] के साथ रेस में दौड़ा देनेवाली बात हुई। लंगड़े को इस भ्रम में रखा जा रहा है कि तुमको अवसर दिया गया, स्पर्धा करो और 'बेन जानसन' को हराओ। इस छलावे की स्पर्धा में विकासशील देश अपनी ऑक्सीजन पर चल रही आर्थिक व्यवस्था को डुबो देनेवाले हैं। लाइफ सपोर्ट सिस्टम पर चल रही विकासशील देशों की अर्थव्यवस्था को शीघ्र मृत्यु के निकट पहुँचानेवाली स्पर्धा है यह।

उपरोक्त के अलावा ऐसे अनेक उदाहरण हैं जिनमें विकसित देशों के चिर-परिचित शोषण की प्रवृत्ति को परखा जा सकता है। 'विश्वीकरण', 'स्पर्धा शक्ति' और 'ग्लोबल संकट' आदि ऐसे लोक-लुभावने नारे हैं जिनके द्वारा विकासशील देशों को बर्बाद किया जा रहा है। नई बोतल में पुरानी शराबवाली ही बात है यह। ओजोन परत के नष्ट होने, ग्रीन हाउस इफेक्ट आदि को भी इसी हित साधन के लिए प्रचारित किया जा रहा है। संकट वास्तव में है परन्तु इससे निपटने के उपायों में ईमानदारी नहीं है इसमें भी कोई संदेह नहीं पालना चाहिए। कहा जा रहा है कि उत्तरी गोलार्द्ध के एक तिहाई से ज्यादा हिस्से में ग्रीनलैंड से लेकर साइबेरिया तथा अन्य हिस्सों में भी वायुमंडल के ऊपर पाई जानेवाली ओजोन परत को लगातार नुकसान हो रहा है। वैज्ञानिकों के अनुसार इसका सबसे ज्यादा असर पृथ्वी के तापमान, मौसमी चक्र और जीव जन्तुओं के प्रतिरक्षा तंत्र पर हो रहा है। जिसकी वजह से नई-नई बीमारियाँ चिकित्सकों के लिए पहेली बनकर उभर रही है। वहीं दूसरी तरफ हैजा, त्वचा रोग, मलेरिया और जल-जनित रोग फिर बढ़ने लगे हैं। वैज्ञानिकों के अनुसार ऊपरी वायुमंडल में ओजोन का नष्ट होना अक्षांश पर निर्भर है। ऐसा पाया गया है कि दक्षिण ध्रुव के हिस्से में ओजोन को सबसे ज्यादा नुकसान हुआ है। वहाँ एक बड़ा छिद्र बन गया है। उल्लेखनीय है कि पृथ्वी के वायुमंडल के बीच क्षोभमंडल में ओजोन गैस की परत मौजूद है। पृथ्वी सतह के ऊपर 10 किलोमीटर से 48 किलोमीटर की ऊँचाई तक ओजोन की परत पाई जाती है। पृथ्वी पर जीवन रक्षा के लिए यह परत सबसे अधिक महत्त्वपूर्ण है क्योंकि यह सूर्य से निकलने वाली पराबैंगनी किरणों के विकिरण को सोख लेती है। अधिक मात्रा में आनेवाली पराबैंगनी किरणों से त्वचा कैंसर का खतरा बना रहता है। एक सुरक्षा कवच के तौर पर ओजोन 95 से 99 प्रतिशत पराबैंगनी किरणों को सोख लेती है इस परत के क्षतिग्रस्त होने से वैज्ञानिक इस बात को लेकर काफी चिन्तित हैं कि पृथ्वी पर अधिक पराबैंगनी किरणों से त्वचा के कैंसर में वृद्धि के अलावा जीव-जन्तुओं का प्रतिरक्षा तंत्र प्रभावित

---

1. 'बेन जानसन' विश्व के सबसे तेज धावक थे। ऐसे तेज धावक जो, रेस जीतने के लिए एक बार नशीली दवाइयों का निजी स्तर पर सेवन कर ट्रैक पर उतर गए थे।

हो सकता है। ओजोन परत में छिद्र के बारे में सबसे पहले ब्रिटिश वैज्ञानिकों ने 1985 में जानकारी दी। यह हेली की खाड़ी के ऊपर पाया गया था उसके बाद से वैज्ञानिक इस पर लगातार निगरानी रख रहे हैं। पिछले छह वर्षों में दो करोड़ चालीस लाख वर्ग कि.मी. हिस्से में ओजोन परत में छिद्र पाया गया है। वैज्ञानिकों ने अपने शोधों में पाया कि अंटार्कटिक के ऊपर ओजोन छिद्र एक गोले के स्थान पर दो गोलों के रूप में पाया गया है, ओजोन की परत में इस ह्रास से वैज्ञानिक भी आश्चर्यचकित हैं। वैज्ञानिक समुदाय काफी समय से चेतावनी देता रहा है कि ओजोन परत को सबसे ज्यादा नुकसान क्लोरोफ्लोरोकार्बन (सीएफसी) अणुओं से हो रहा है। सीएफसी मानव निर्मित रासायनिक पदार्थ है जिसका उपयोग रेफ्रीजरेटरों, एयरकंडीशनरों, एयरोसोल तथा कुछ खास तरह की पैकिंग में काम आनेवाले घोलों में किया जाता है। वायुमंडल में ये सीएफसी अणु पृथ्वी के ऊपरी हिस्से में पहुँचकर सूर्य की पराबैंगनी किरणों से रासायनिक प्रतिक्रिया करते हैं और इससे क्लोरीन मुक्त होती है। एक अनुमान के अनुसार सीएफसी का एक अणु ओजोन के एक लाख अणुओं को नष्ट कर देता है। अमेरिकी अन्तरिक्ष संगठन नासा के वैज्ञानिक भी इस परत के नष्ट होने की प्रक्रिया और कारकों पर पूरी निगरानी रख रहे हैं। नासा ने विश्व मौसम संगठन और संयुक्त राष्ट्र पर्यावरण कार्यक्रम के साथ मिलकर वायुमंडल में ओजोन परत के नष्ट होने के बारे में मौसमी उपग्रहों, भू-स्थित उपकरणों और दूर संवेदी उपग्रह के आँकड़ों की मदद ली है। इन आँकड़ों से काफी रोचक तथ्य सामने आए हैं कि पिछले चार वर्षों में ओजोन परत का ह्रास एक करोड़ साठ लाख वर्ग किमी क्षेत्र में पाया गया है। ओजोन परत के क्षय के अध्ययन के लिए जर्मनी और फ्रांस द्वारा गठित *'केमेस्ट्री ऑफ ओजोन इन द पोलर स्ट्रेटोस्फेयर'* परियोजना के आँकड़े भी इस बात की पुष्टि करते हैं कि आर्कटिक क्षेत्र में भी यही समस्या है। हाल ही में संयुक्त राष्ट्र पर्यावरण सम्मेलन का स्वास्थ्य और मौसम के बीच में सम्बन्ध पर जारी एक शोध में विश्व स्वास्थ्य संगठन ने बताया कि पृथ्वी पर सूर्य की किरणों के तेज अवशोषण से वर्ष 2000 में लगभग डेढ़ लाख लोग विभिन्न बीमारियों की चपेट में आकर मारे गए। विश्व स्वास्थ्य संगठन ने अपने अध्ययन में बताया कि पृथ्वी की सतह पर ज्यादा पराबैंगनी किरणें भूमंडल के बढ़ते तापमान यानी ग्लोबल वार्मिंग के लिए जिम्मेदार हैं। विश्व स्वास्थ्य संगठन के वैज्ञानिक सी लाड्रेम ने बताया कि तापमान के मामले में पिछला दशक सबसे ज्यादा गरम रहा। इसकी वजह से धरती पर मौसम चक्र में परिवर्तन हुआ। जिससे अतिवृष्टि के कारण हैजा और मलेरिया जैसे रोगों में काफी वृद्धि हुई है। वैज्ञानिकों का मानना है कि ओजोन परत में होनेवाले नुकसान का असर एक चक्र के रूप में सामने आ रहा है और यह कई तरीकों से अपना असर दिखा रहा है। उदाहरण के लिए ओजोन के नष्ट होने से पृथ्वी पर ग्रीन हाउस प्रभाव में वृद्धि होगी। ग्रीन हाउस प्रभाव के कारण पृथ्वी के वातावरण में कार्बनडाइऑक्साइड की मात्रा बढ़ रही है जिससे ग्लोबल वार्मिंग की समस्या सामने आ रही है। ग्लोबल वार्मिंग तथा पृथ्वी के बढ़ते तापमान के कारण हिम

प्रदेशों की बरफ पिघल रही है जिससे महासागरों के जल स्तर में वृद्धि हो रही है। ओजोन परत के कम होने का सबसे बड़ा खामियाजा पश्चिमी देशों के गोरी चमड़ीवाले लोगों को उठाना पड़ रहा है। क्योंकि इन लोगों की त्वचा सफेद वर्ण की होती है जिसमें मैलानिन नामक पिगमेंट की कमी होती है। इस वजह से इन लोगों की त्वचा पर सूर्य की पराबैंगनी किरणों का सबसे ज्यादा असर पड़ता है, जिससे चर्म रोग, एलर्जी, त्वचा के कैंसर और रेटिनोब्लास्टिमा जैसे रोग बढ़ रहे हैं।

समस्याओं को भयावह बताते हुए पृथ्वी के साथ-साथ अब महासागरों के भी खतरे की परिधि में होने की आशंका व्यक्त कर दी गई है। वैज्ञानिकों ने चेतावनी दी है कि ग्लोबल वार्मिंग के कारण महासागरों में तेजी से हो रहे अम्लीकरण से हजारों समुद्री प्रजातियों के विलुप्त होने का खतरा उत्पन्न हो गया है। ब्रिटेन की रॉयल सोसायटी ने अपनी एक रिपोर्ट में कहा है कि समुद्र प्रतिवर्ष प्रति व्यक्ति एक टन कार्बन-डाइ-ऑक्साइड का अवशोषण करता है जो कार्बन-डाइ-ऑक्साइड को अवशोषित करने की उसकी क्षमता से काफी अधिक है। उल्लेखनीय है कि कार्बन-डाइ-ऑक्साइड ग्रीन हाउस गैसों का एक प्रमुख संघटक है। सोसायटी के महासागर विशेषज्ञ जॉन राबेन ने कहा है कि जीवाश्म ईंधन जलानेवाले बिजली केन्द्रों से उत्पन्न कार्बन-डाइ-ऑक्साइड की मात्रा में वृद्धि होने से सागरों का तेजी से अम्लीकरण हो रहा है। इससे उनकी कार्बन-डाइ-ऑक्साइड अवशोषित करने की क्षमता प्रभावित हो रही है। इस कारण से सामुद्रिक पारिस्थितिकी तंत्र को खतरा पैदा हो गया है। राबेन कहते हैं कि जीवाश्म ईंधनों से महासागरों के अम्लीकरण के स्तर में परिवर्तन हो रहा है। परिवर्तन की यह दर महासागरों की संरचना में करोड़ों वर्षों में होनेवाले परिवर्तन की तुलना में बहुत तेज है। सोसायटी ने विश्व के प्रमुख औद्योगिक देशों के संगठन जी-8 की बैठक में इस मुद्‌दे पर कार्यवाही करने की माँग की है। राबेन ने कहा कि जी-8 सम्मेलन में मिल रहे विश्व नेताओं को कार्बन-डाइ-ऑक्साइड के उत्सर्जन को रोकने के लिए निर्णायक और महत्त्वपूर्ण कदम उठाने होंगे? उपरोक्तानुसार वर्णित भयावह स्थिति के बाद भी पर्यावरण संकट पर विकसित देशों का आर्थिक हित ही अभी तक भारी पड़ता दिख रहा है, तभी तो क्योटो सन्धि[1] लागू नहीं की जा सकी है और भी, जी-8 देशों के सम्मेलन के पूर्व अमेरिका राष्ट्रपति जार्ज बुश का बयान पर्यावरण संकट की धज्जियाँ उड़ानेवाला है।

---

1. 10 दिसम्बर, 1997 क्योटो में जापान गैसों के उत्सर्जन दर को कम करने का एक समझौता हुआ। अमेरिका द्वारा प्रस्तावित छह गैसों कार्बन-डाइ-ऑक्साइड, मिथेन, नाइट्रस ऑक्साइड, हाइड्रोफ्लोरो कार्बन, परफ्लोरोकार्बन और सल्फर हैक्साफ्लोराइड को कटौती के लिए स्वीकार कर लिया गया। औद्योगिक देश उत्सर्जन दर में 5.2 प्रतिशत तक कमी करने पर सहमत हो गए। यूरोपीय संघ ग्रीन हाउस गैंसों के विस्तार में आठ प्रतिशत, अमेरिका सात प्रतिशत, जापान छह प्रतिशत और कनाडा तीन प्रतिशत कटौती करने पर सहमत हुए। यह कटौती सन् 2008 से 2012 के बीच की जाएगी, इस बीच इन गैसों का स्तर सन् 1990 के स्तर पर लाया जाएगा। यही नहीं क्योटो प्रोटोकाल में सभी राष्ट्रों से कहा गया है कि वे सतत आर्थिक विकास के लक्ष्य को तेजी से प्राप्त करने पर ध्यान दें।

4 जुलाई, 2005 को बुश ने ब्रिटेन की आईटीवी के साथ साक्षात्कार में कहा कि "धरती के तापमान में हो रही वृद्धि एक महत्त्वपूर्ण और दीर्घावधि का मुद्दा है, जिससे हम सभी को निपटना है। बुश ने कहा कि सरा के क्योटो प्रोटोकाल की तर्ज पर समूह आठ में मौसम के बदलाव के बारे में होनेवाला समझौता बहुत घातक होगा। अगर हम क्योटो सन्धि पर हस्ताक्षर करते हैं तो वह हमारी अर्थव्यवस्था तोड़ देता।" इस बयान का उल्लेख मैंने यही सिद्ध करने के लिए किया है कि विकसित पश्चिमी देशों के लिए केवल व्यावसायिक हित ही सर्वोपरि है। पर्यावरण संकट और आर्थिक लाभ में से अगर उन्हें चुनाव करना है तो वे आर्थिक हित को ही तरजीह देंगे। अगर गरीब देशों को चूसने में पर्यावरण संकट लाभ पहुँचा सकता है तो वह ऐसा करने का अवसर नहीं चूकेंगे।

इस संकट से निपटने के लिए कई प्रकार के उपायों की चर्चा विश्व स्तर पर हो रही है और उनके पक्ष में काफी कसीदे भी पढ़े जा रहे हैं। ऐसे ही उपायों से एक उपाय बताया जा रहा है कि वैकल्पिक ऊर्जा के इस्तेमाल को बढ़ावा देना। भारत भी इस पर्यावरण संकट से निपटने के लिए वैकल्पिक ऊर्जा के क्षेत्र में अग्रणी बनने के लिए ताल ठोंक रहा है। सरकार ऊर्जा के नए और फिर से काम में लाए जानेवाले ऊर्जा स्रोतों के उपयोग को प्रोत्साहन देने को उच्च प्राथमिकता दे रही है, ताकि ऊर्जा के समाप्त होते जा रहे परम्परागत स्रोतों का विकल्प अपनाया जा सके। ऊर्जा के बारे में योजना बनानेवाले तथा वैज्ञानिक अब हर जगह यह महसूस करने लगे हैं कि ऊर्जा व्यवस्था को विकेन्द्रित किया जाए। क्योंकि इससे आबादी से उत्पन्न पर्यावरण प्रदूषण से बचा जा सकता है तथा गैर परम्परागत ऊर्जा का इस्तेमाल परम्परागत ऊर्जा-संसाधनों की भाँति किया जा सकता है। भारत ने इस दिशा में पहल की और 12 मार्च, 1981 को उच्चाधिकार प्राप्त अतिरिक्त ऊर्जा स्रोत आयोग की तथा 6 सितम्बर, 1982 को गैर परम्परागत ऊर्जा स्रोत विभाग की स्थापना की, जिसे बाद में स्वतन्त्र मंत्रालय बना दिया गया। आयोग नीतियाँ और कार्यक्रम तैयार करता है तथा मंत्रालय उन्हें लागू करता है।

मंत्रालय को अस्तित्व में आए अभी अधिक समय नहीं हुआ है लेकिन इस दौरान ऊर्जा के नए और फिर से उपयोग में लाए जा सकनेवाले स्रोतों के विकास और सही इस्तेमाल में सराहनीय सफलता प्राप्त की है (यह दावा सरकारी तौर पर किया जा रहा है)। इसका प्रमाण यह है कि विभिन्न पद्धतियाँ और तकनीकों को प्रदर्शित किया जा सकता है और यहाँ तक कि उनका व्यावसायिक उपयोग भी हो रहा है। बड़ी संख्या में विभागों, सार्वजनिक क्षेत्र के प्रतिष्ठानों, स्वायत्त निकायों, निजी संस्थाओं और व्यक्तियों ने इन पद्धतियों और प्रणालियों को अपनाया है, जैसे पानी गर्म करने की प्रणाली, पनचक्की, विंड मिल, एयरो जनरेटर, फोटोवोल्टाइक लाइट और पम्प, परिष्कृत चूल्हे और बायोगैस संयंत्र आदि। इन पद्धतियों में परिष्कृत चूल्हे, सौर कुकर, बायोगैस संयंत्र, सोलर पम्प सर्वाधिक लोकप्रिय रहे हैं। ऊर्जा 2001 में ऊर्जा को फिर से उपयोग में लाए जा सकनेवाले स्रोतों की योजना का 'प्रारुप' नाम से प्रकाशित एक अध्ययन

पत्र में बताया गया है कि विभिन्न गैर परम्परागत संसाधनों का उपयोग करके इस सदी के अन्त तक 250 करोड़ टन कोयले और 15000 मेगावाट से अधिक बिजली की बचत की जा सकेगी। अनुमान के अनुसार यह मात्रा सन् 2001 में ऊर्जा की कुल माँग का 20 प्रतिशत होगी।

परन्तु इस वैकल्पिक ऊर्जा की नीति/कार्यक्रम को अपनाते हुए हम किस प्रकार गोरी चमड़ी की सदियों पुरानी शोषण की नीति के शिकार हो रहे हैं—इन्हीं का खुलासा करने का प्रयास इस पुस्तक में किया गया है। पुस्तक के प्रथम अध्याय में विश्व स्तरीय पर्यावरण संकट पर प्रकाश डाला गया है। ओजोन क्षरण और ग्रीन हाउस इफेक्ट के तकनीकी पहलुओं पर सूक्ष्म अध्ययन प्रस्तुत किया गया है। दूसरे अध्याय में इस पर्यावरण संकट को लेकर विश्व स्तर पर हो रहे चिन्तन एवं प्रयासों को विश्लेषित किया गया है और उसके सैद्धान्तिक पक्ष और विकासशील देशों की भूमिका का रेखाचित्र प्रस्तुत किया गया है। तीसरे अध्याय में भारत में वैकल्पिक ऊर्जा के कार्यक्रमों को लेकर जो सरकारी दावे किए गए हैं, उनको संक्षेप में प्रस्तुत करने का प्रयास किया गया है। यह अध्याय इस दृष्टि से महत्त्वपूर्ण है कि उन्हीं सरकारी दावों के परिप्रेक्ष्य में विश्व स्तरीय लूट का खुलासा आगे के अध्यायों में किया गया है। चौथे अध्याय में सरकारी पक्ष के सच का विश्लेषण करते हुए सौर और पवन ऊर्जा के उदाहरणों के जरिए यह स्थापित किया गया है कि वैकल्पिक ऊर्जा भारत में पर्यावरण संरक्षण के लिए नहीं बल्कि विश्व बाजार की स्थापना के लिए प्रोत्साहित की जा रही है। पाँचवें अध्याय में यह दर्शाया गया है कि किस प्रकार से भारत सरकार की वर्तमान नीतियों के चलते वैकल्पिक ऊर्जा के स्वदेशी उद्योग तबाही के कगार पर पहुँच गए हैं। छठे अध्याय में वैकल्पिक ऊर्जा के आधारभूत ढाँचे की उपेक्षा का रहस्य खोला गया है। सातवें अध्याय में यह स्थापित किया गया है कि किस प्रकार से वैकल्पिक ऊर्जा के क्षेत्र में निर्धारित किए जानेवाले भावी लक्ष्यों का निर्धारण विश्व बाजार की स्थापना के लिए हो रहा है। अन्तिम अध्याय पुस्तक का उपसंहार है। इसमें पुस्तक के पूरे निचोड़ को एक प्रकार से प्रस्तुत किया गया है।

मैं पूरी ईमानदारी के साथ पाठकों के समक्ष यह तथ्य भी रखना चाहूँगा कि इस पुस्तक में वामपन्थी या दक्षिणपन्थी या किसी भी विचारधारा से प्रभावित होकर कोई निष्कर्ष स्थापित नहीं किया गया है। फिर भी कहीं पर किसी भी सुधी पाठक को इसमें मेरी त्रुटि नजर आती है तो उनकी आपत्तियों और समीक्षाओं का मैं तहे दिल से स्वागत करूँगा और अन्त में यदि यह पुस्तक नीति निर्धारकों को इतिहास के पन्नों को उलटने, उससे सबक सीखने एवं स्वार्थवादी पश्चिमी शक्तियों की मंशा को भाँपने का प्रयास/उपक्रम करवाने में लेश मात्र भी सफल रही तो मैं अपने लेखन सामर्थ्य को पूर्ण सफलीभूत मानूँगा।

देश, विदेश के तमाम वैकल्पिक ऊर्जा सम्बन्धी आँकड़ों का गूढ़, गहन एवं तार्किक विश्लेषण कर, तकनीकी विशेषज्ञों के समय-समय पर व्यक्त मतों का निहितार्थ निकालते

हुए, जर्मनी, आस्ट्रेलिया, अमेरिका जैसे देशों के अध्ययन भ्रमण (Study Tour) के दौरान, वहाँ के विशेषज्ञों, सरकारी अधिकारियों, बहुराष्ट्रीय कम्पनियों एवं वर्ल्ड बैंक आदि से प्राप्त जानकारी एवं अनुभवों का निचोड़ निकालकर, सबकुछ राष्ट्रहित में लिखा गया है।

–अजय शंकर पांडेय

अनुक्रम

वैकल्पिक ऊर्जा का सच

अध्याय-1

पर्यावरण संकट

21वीं शताब्दी के शुभारम्भ के साथ ही तीसरी सहस्त्राब्दि भी प्रारम्भ हो गई है। वास्तव में यह मानव इतिहास में एक महत्त्वपूर्ण मील का पत्थर है और यह एक पुनरावलोकन तथा परिवर्तन का अवसर है। विश्व समुदाय के सामने अनेक नई चुनौतियाँ हैं। इसके फलस्वरूप लोगों को दिन-प्रतिदिन के मुद्दों के समाधान के लिए पूर्णतया नया दृष्टिकोण अपनाने की जरूरत होगी। इनमें से सबसे महत्त्वपूर्ण मुद्दा पिछली सहस्राब्दि में अपनाए गए विकास के मॉडल से सम्बन्धित है। इस बात का सशक्त प्रमाण है कि आर्थिक विकास की प्रक्रिया को इस मॉडल के आधार पर आगे और जारी नहीं रखा जा सकता है। इसमें जितना जल्दी परिवर्तन किया जाए, उतना ही अधिक यह मानवता के लिए अपेक्षाकृत अच्छा होगा। इसका एक सामान्य कारण है। अब तक अपनाया गया विकास का मॉडल, ऊर्जा की बढ़ती माँग को पूरा करने के लिए विशेषकर औद्योगिक राष्ट्रों द्वारा, पारम्परिक जीवाश्म ईंधनों के अत्यधिक उपभोग पर आधारित रहा है। इसने प्राकृतिक संसाधनों के प्रति संकटपूर्ण परिणामों के साथ-साथ पर्यावरण एवं पारिस्थितिकी के लिए भी संकट पैदा किया है। आज विश्व समुदाय एक मिनट में उतनी ही सामग्री का उपभोग कर लेता है, जिसे पृथ्वी को सृजित करने में एक सहस्राब्दि का समय लगा था। यह भविष्यवाणी की गई है कि पारम्परिक ऊर्जा स्रोतों का इस दर से भोग किए जाने पर इस नई सहस्राब्दि की समाप्ति से काफी पहले ही विश्व में यह पारम्परिक स्रोत समाप्त हो जाएँगे। पर्यावरण अवपतन, सामाजिक-आर्थिक दबावों और भू-राजनैतिक झुकाओं से यह स्थिति और भी बिगड़ेगी। यह प्रभाव पहले से ही उच्च वातावरणिक प्रदूषण के रूप में दृष्टिगोचर होता है जिसके कारण जलवायु सम्बन्धी परिवर्तन हुए हैं। परिवर्तन के दो बड़े रूप हैं :

1. ओजोन परत का क्षरण
2. ग्रीन हाउस प्रभाव

ओजोन परत का क्षरण

ओजोन (O_3) गैस के अणु ऑक्सीजन के तीन परमाणुओं से मिलकर बनते हैं। यह गैस

क्षोभमंडल और समतापमंडल के बीच विविध सान्द्रता में पाई जाती है। ओजोन की सबसे ज्यादा सान्द्रता यहीं पाई जाती है और यहाँ करीब 10 P.P.M. (10 parts per million.) दस लाख में दस भाग है।

वायुमंडल में लगातार ओजोन का बनते रहना एक महत्त्वपूर्ण तथ्य है जिसके कारण सूर्य की घातक पराबैंगनी किरणें (U.V.B.) ऊपरी वायुमंडल में ही रह जाती है। मध्य मंडल की निचली सतह में वायुमंडलीय ऑक्सीजन (O_2) 240 नैनोमीटर से कम वाली पराबैंगनी किरणों को सोख कर ऑक्सीजन के दो परमाणुओं में टूट जाती है।

$$O_2 \xrightarrow[(<240 \text{ नैनोमीटर})]{\text{पराबैंगनी किरण}} 2O$$

यही ऑक्सीजन परमाणु बाद में ऊपरी समतापमंडल के ऑक्सीजन अणु से संयुक्त होकर ओजोन का निर्माण करता है।

इसके साथ ही ओजोन (O_3) भी 290 से 320 नैनोमीटर तरंग दैर्ध्य वाली पराबैंगनी किरणों को अवशोषित कर ऑक्सीजन के अणु एवं परमाणु में टूट जाती है।

$$O_3 \xrightarrow[\text{290-320 नैनोमीटर}]{\text{पराबैंगनी किरण}} O_2+O$$

इस प्रकार से विभक्त हुई ओजोन (O_3) वातावरण के लिए खतरा नहीं उत्पन्न करती क्योंकि प्राकृतिक रूप से ही इसकी भरपाई होती रहती है। समतापमंडल में मौजूद ओजोन इतनी सान्द्रता में उपस्थित होती है कि वह हानिकर पराबैंगनी विकिरण का 95 प्रतिशत तक हटा सकते हैं।

ओजोन परत की मोटाई डाबसन इकाई में मापी जाती है। एक गणना के अनुसार समतापमंडल में ओजोन परत की औसत मोटाई लगभग 230 डाबसन यूनिट है। विभिन्न वायुमंडलीय दशाओं के कारण विभिन्न अक्षांशों पर इसकी मोटाई अलग-अलग होती है।

ओजोन से सम्बन्धित दो समस्याएँ इस समय पर्यावरणविदों को परेशान किए हुए हैं :

1. फोटोकेमिकल स्मॉग
2. ओजोन परत का क्षरण

फोटोकेमिकल स्मॉग

धरातल के निकट की ओजोन O_3 उपस्थित रहती है पर इसकी सान्द्रता 0.05PPM होती है। शहरों के वायुमंडल में उपस्थित रहनेवाली हानिकर गैसों और नाइट्रोजन के ऑक्साइड्स (NOx) से पराबैंगनी किरणें अभिक्रिया करती हैं और ओजोन (O_3) का निर्माण होता है ।

$$NO_2 \xrightarrow{\text{पराबैंगनी किरण}} NO + O$$

$$O + O_2 \xrightarrow{\text{पराबैंगनी किरणें}} O_2$$

पर जहाँ ऊपरी वायुमंडल में ओजोन पराबैंगनी किरण को रोककर मनुष्य एवं जीव जन्तुओं के स्वास्थ्य की रक्षा करती है। वहीं धरातल के पास यह स्वयं ही स्वास्थ्य सम्बन्धी समस्या उत्पन्न कर देती है। 0.2 PPM सान्द्रता तक यह कोई हानिकर प्रभाव नहीं डालती, 0.3 PPM सान्द्रता के कारण गले तथा नाक में जलन होती है।

जब सान्द्रता 1.3 PPM के बीच पहुँचती है तो व्यक्ति जल्दी ही थकान का अनुभव करता है। 9 PPM के स्तर पर फुफ्फुस एडिमा हो जाता है। ओजोन (O_3) अन्य हानिकर गैसों और धुएँ आदि से फोटोकेमिकल स्मॉग का भी निर्माण करती है।

ओजोन परत का क्षरण

यद्यपि प्राकृतिक रूप से ओजोन (O_3) पराबैंगनी किरणों की उपस्थिति में क्षरित होती रहती है पर अनेक मानव निर्मित कारक इसके क्षरण को तीव्र करते हैं। इनमें सर्वप्रमुख है क्लोरोफ्लोरो कार्बन (CFC) तथा हैलोन्स। जहाँ क्लोरोफ्लोरो कार्बन ओजोन का क्षरण 14 प्रतिशत तक करता है वहीं नाइट्रस ऑक्साइड 3.5 प्रतिशत तक रहता है। CFC का आविष्कार 1930 के दशक में किया गया था। ये अत्यन्त स्थायी एवं विषहीन होते हैं। मानव अनुप्रयोग के लिए ये आदर्श माने गए तथा इनका औद्योगिक प्रयोग रेफरिजरेटरों, एयरकंडीशनरों, फोम बनाने, साल्वेंट, अग्निशमन प्रणालियों, सौन्दर्य प्रसाधनों, सेंट आदि में किया जाता है। जेट विमानों से उत्सर्जित होनेवाले धुएँ में नाइट्रोजन के ऑक्साइड भी पाए जाते हैं जो ओजोन को क्षरित करते हैं।

समतापमंडल में पहुँचने के बाद C.F.C. तथा हैलोन्स पराबैंगनी किरणों की उपस्थिति में क्लोरीन एवं ब्रोमीन मुक्त करते हैं।

$$\text{C.F.C.} \xrightarrow[\text{विकिरण}]{\text{पराबैंगनी}} \text{क्लोरीन (Cl)}$$

$$\text{हैलोंस} \xrightarrow[\text{विकिरण}]{\text{पराबैंगनी}} \text{ब्रोमीन (Br)}$$

अभिक्रिया के दूसरे चरण में क्लोरीन एवं ब्रोमीन परमाणु उत्प्रेरक के रूप में कार्य करके ओजोन को क्लोरीन मोनोऑक्साइड तथा ऑक्सीजन में तोड़ते हैं।

$$Cl + O_3 \longrightarrow ClO + O_2$$
$$Br + O_3 \longrightarrow BrO + O_2$$

क्लोरीन मोनोऑक्साइड तथा ब्रोमीन मोनोऑक्साइड ओजोन से अभिक्रिया करके ऑक्सीजन के दो अणु देता है।

$$ClO + O_3 \longrightarrow Cl + 2O_2$$

$$BrO + O_3 \longrightarrow Br + 2O_2$$

इस प्रकार पराबैंगनी किरणों से C.F.C. से जो क्लोरीन मुक्त होती है वो ओजोन के दो अणुओं को तोड़कर ऑक्सीजन के तीन अणु मुक्त करता है। क्लोरीन का यह परमाणु फिर से ओजोन के विखंडन में लग जाता है। क्लोरीन का परमाणु ओजोन के लाखों अणुओं को विभक्त कर सकता है। इस प्रक्रिया का अन्त तभी होता है जब वातावरणीय नमी से अभिक्रिया करके हाइड्रोक्लोरिक एसिड बना लें तथा वर्षा के जल के साथ नीचे आ जाए।

क्लोरो फ्लोरो कार्बन, हैलोन्स तथा नाइट्रस ऑक्साइड आदि इसलिए खतरनाक हैं कि वे ओजोन को विनष्ट करते हैं। यदि ओजोन के ये अणु वातावरण में रहते तो पराबैंगनी किरणों का अवशोषण करते परन्तु इन अणुओं का विनाश तो C.F.C. वगैरह कर देती है और हानिकर पराबैंगनी विकिरण पृथ्वी की सतह पर पहुँच जाता है।

ओजोन छिद्र

ओजोन छिद्र सर्वप्रथम अंटार्कटिका 1979 में देखा गया था। तब से यह छिद्र हर वर्ष लगातार बढ़ ही रहा है। अब यह दक्षिण अमेरिका, उत्तरी अमेरिका, आस्ट्रेलिया, न्यूजीलैंड आदि को भी प्रभावित करने लगा है। नासा (NASA) के वैज्ञानिकों की रिपोर्ट 1992 के अनुसार उत्तरी गोलार्द्ध के ऊपरी अक्षाशों में क्लोरीन मोनोऑक्साइड की सान्द्रता में वृद्धि पाई गई है। अमेरिकी वैज्ञानिकों ने डाबसन स्पेक्ट्रोफोटोमीटर उपकरणों एवं अन्य उपकरणों की सहायता से बताया कि अंटार्कटिका प्रदेश में ओजोन परत की मोटाई 100 डाबसन यूनिट से कम हैं जो ओजोन की औसत मोटाई 230 डाबसन यूनिट से काफी कम है। यह भी पता लगा कि इस क्षेत्र में 13.5 से 19 कि.मी. की ऊँचाई के क्षेत्र में ओजोन परत पूरी तरह नष्ट हो चुकी है।

हानिकारक प्रभाव

गणितीय गणना के अनुसार ओजोन सान्द्रण में एक प्रतिशत की कमी पराबैंगनी किरणों के आपतन को दो प्रतिशत बढ़ाती है। पराबैंगनी किरणें जीवन के लिए अत्यन्त हानिकर सिद्ध होती हैं। ओजोन क्षरण से पराबैंगनी किरणों विशेषकर 290-320 नैनोमीटर के आपतन में वृद्धि हुई हैं। यह विकिरण अनुवांशिक पदार्थों, प्रकाश संश्लेषित रसायनों, प्लस्टो कयूनाइन आदि को हानि पहुँचाती हैं। इनसे चर्म कैंसर होने की सम्भावना रहती है। ये मनुष्य की प्रतिरोधक क्षमता को भी घटा देते हैं जिनसे विभिन्न रोग होने की सम्भावना बढ़ जाती है। साथ ही मोतियाबिन्द होने की सम्भावना भी बढ़ जाती है।

इनके आपतन में 10 प्रतिशत की वृद्धि कैंसर के मामलों को 26 प्रतिशत बढ़ा देते हैं। समुद्री शैवाल तथा अन्य समुद्री उत्पादों की क्षमता घटती है जिससे समूचा जलवायु तंत्र प्रभावित होता है। क्लोरोफिल की मात्रा में कमी आती है जिससे फसलों का उत्पादन घटता है।

हरित गृह प्रभाव (Green House Effect)

वायुमंडल में कुछ ऐसी गैसें हैं जो सूर्य की रोशनी एवं ऊष्मा से पृथ्वी पर आने तो देती है पर पृथ्वी से वापस अन्तरिक्ष में जाने से रोकती है। इससे वायुमंडल का तापमान बढ़ता है। इस परिघटना को हरित गृह प्रभाव कहते हैं। हरित गृह प्रभाव शब्द का प्रयोग सर्वप्रथम जे फुरियर ने किया था। हरित गृह दरअसल काँच अथवा प्लास्टिक के बने ऐसे कक्ष होते हैं जो ऊष्मा रोधी होते हैं और जिनमें सूर्य का ताप अन्दर तो आ जाता है पर बाहर नहीं निकल पाता। ऐसे कक्षों का प्रयोग ठंडे प्रदेशों में सब्जियाँ उगाने में किया जाता है।

हरित गृह गैसों में मुख्य हैं जल वाष्प, कार्बन-डाइ-ऑक्साइड (CO_2), कार्बन मोनोऑक्साइड (CO), मीथेन (CH_4), नाइट्रोजन के ऑक्साइड (NO_x) और सल्फर डाई ऑक्साइड (SO_2) आदि। इसके अलावा क्लोराफ्लोरो कार्बन जो ओजोन के क्षरण के लिए जिम्मेदार है भू-मंडलीय तापन में योगदान देती है।

तापमान वृद्धि कई अर्थों में हानिकारक होती है। वैज्ञानिकों के अनुसार इससे पृथ्वी की जैव विविधता को खतरा उत्पन्न होता है। कई प्रजातियाँ लुप्त प्रायः होने के कगार पर पहुँच गई हैं। जलवायु परिवर्तन पर अन्तर-सरकारी पैनल (Inter governmental Panel on Climatic Change) ने सन् 1992 में पूर्वानुमान किया कि सन् 2050 ई. तक भूमंडल के औसत वायु तापक्रम में 1.5 से. से 4.5 से. तक वृद्धि हो जाएगी। इस तापन से ध्रुवीय हिम टोपी और हिम नदियाँ पिघल सकती है जिससे समुद्र-स्तर में चढ़ाव अगली सदी में प्रति दशक 6 से.मी., सन् 2050 ई. तक 65 से.मी. या सन् 2100 ई. तक एक मीटर तक हो सकता है और समुद्र-स्तर में निरन्तर वृद्धि का सीध प्रभाव बाढ़ और आबादी वाले क्षेत्रों को क्षति के रूप में हो सकता है, विशेषकर निचले, सपाट और नदियों के आस-पास के क्षेत्रों में। समुद्र-स्तर में एक मीटर के चढ़ाव से कोरल राष्ट्रों जैसे किरीबाती, मार्शल द्वीप समूह, टोकेलाऊ, तुआ कोकोज और कीलींग द्वीप समूह विशेष रूप से असुरक्षित हैं। हाल में 1.190 वर्ग किलोमीटर की बिना आबादी वाली छोटी-सी जमीन मालदीव के बराबर समुद्र में विलुप्त हो गई। इसको वैज्ञानिक भूमंडलीय तापन की शुरुआत के रूप में अनुमान करने लगे हैं। अध्ययन से पता चलता है कि मालदीव को अपने जी.एन.पी. का तीसरा हिस्सा प्रत्येक वर्ष समुद्र में डूबने से बचाने के लिए व्यय करना होगा। सुरक्षा कीमत की दृष्टि से विश्व के 50 देशों की तालिका में मालदीव शीर्ष स्थान पर है।

अध्याय-2

वैश्विक चिन्ता : सैद्धान्तिक पक्ष

इसी पृष्ठभूमि में अपारम्परिक अथवा अक्षय ऊर्जा स्रोतों की ओर विश्व का ध्यान आकर्षित हुआ है और योजना निर्माताओं, नीति निर्माणकर्ताओं, अर्थशास्त्रियों और पर्यावरण-कार्यकर्ताओं में सतत् विकास के लक्ष्य को प्राप्त करने के व्यवहार्य विकल्प के रूप में, इस दिशा में रुचि पैदा हुई है। यदि अक्षय ऊर्जा स्रोतों में वर्तमान रुचि को परियोजनाओं के रूप में साकार रूप दिया जा सके और उनकी प्रचुर सम्भाव्यता का दोहन किया जा सके, तो 21वीं शताब्दी जीवाश्म ईंधनों से दूर हटने की प्रक्रिया से उतनी ही अधिक सक्रिय होगी, जितना कि 20वीं शताब्दी उनके पास आने की प्रक्रिया में सक्रिय थी। अक्षय ऊर्जा, जो आज से लगभग 100 वर्ष पूर्व केवल एक चमकदार विचार से कुछ अधिक प्रतीत नहीं होती थी, 100 वर्ष पश्चात् केवल एकमात्र समाधान हो सकती है। इस दिशा में पहले से ही सकारात्मक संकेत हैं। विश्व नेताओं का मत अक्षय ऊर्जा के पक्ष में गया है और इसका प्रतिबिम्ब 20वीं शताब्दी के अन्तिम दशक में आयोजित विश्व बैठकों की श्रृंखला के रूप में हुआ है। जिनमें से निम्न प्रमुख हैं :

संयुक्त राष्ट्र पर्यावरण एवं विकास सम्मेलन (पृथ्वी सम्मेलन), 1992

22 सितम्बर, 1989 को पर्यावरण एवं विकास सम्मेलन महासभा द्वारा पारित एक प्रस्ताव के अनुसार सम्मेलन का आयोजन ब्राजील की पुरानी राजधानी रियो डि जेनेरो में 3-14 जून, 1992 तक किया गया। इसे संयुक्त राष्ट्र पर्यावरण एवं विकास सम्मेलन अथवा 'पृथ्वी सम्मेलन' अथवा 'रियो भू-शिखर' भी कहते हैं। इसमें देशों के 182 प्रतिनिधियों ने भाग लिया। इस सम्मेलन में दो प्रमुख प्रस्ताव पारित हुए। ये हैं– 'कार्यक्रम-21' (Agenda-21) तथा पर्यावरण एवं विकास पर 'रियो घोषणा पत्र एवं वन नीति' पर एक अबाध्यकारी वक्तव्य तथा दो अन्तर्राष्ट्रीय सन्धियाँ।

एजेंडा-21 'एजेंडा-21' 900 पृष्ठों का एक ऐसा दस्तावेज है जिसमें पर्यावरण एवं विकास पर भविष्य में कार्य हेतु एक व्यापक कार्य योजना है, जो राज्यों पर बाध्यकारी नहीं है, लेकिन इसके पीछे राजनीतिक आश्वासन निहित है या अन्तर्भूत है। ऐसी आशा

की जाती है कि राज्य अपनी नीतियों एवं कार्यक्रमों को निर्धारित करते समय 'एजेंडा-21' से प्रभावित एवं निर्देशित होंगे। एजेंडा-21 जैवमंडल के विनाश को रोकने तथा आर्थिक असमानता को समाप्त करने के उद्देश्य से समग्र विश्व के लिए विकास की योजना को प्रदर्शित करता है। इसमें 40 अध्याय हैं जो गरीबी, उपभोग पद्धति, स्वास्थ्य, मानवीय आवास, वित्तीय संसाधनों और तकनीकी स्थानान्तरण पर बल प्रदान करते हैं। इसमें ऊर्जा एवं जलवायु, पर्यावरण एवं विकास से सम्बन्धित और भी विषय समाहित हैं।

रियो घोषणा पत्र

इस घोषणा पत्र में पर्यावरण की रक्षा और विकास के 27 सिद्धान्त हैं। इस घोषणा पत्र में उल्लिखित सिद्धान्त-3 संतुलित विकास की अवधारणा पर बल देता है अर्थात् आज की आवश्यकतानुसार राष्ट्रों को प्राकृतिक सम्पदा का इतना दोहन नहीं करना चाहिए कि भविष्य में आने वाली पीढ़ियों को अपनी आवश्यकताओं की पूर्ति के लिए बाधाएँ उठानी पड़े।

जलवायु परिवर्तन सन्धि

इस सन्धि के अन्तर्गत ताप बढ़ाने वाली गैसों के बढ़ते उत्सर्जन से जलवायु परिवर्तन एवं समुद्र स्तरों में वृद्धि के खतरे को रेखांकित किया गया है। सन्धि पर हस्ताक्षर करनेवाले देशों से आग्रह किया गया है कि वे शीघ्र ही ऐसी रिपोर्ट तैयार करें कि ऐसे उत्सर्जन को घटाने के लिए वे क्या प्रयास कर रहे हैं। साथ ही यह भी कहा गया है कि विकसित देश ऐसे उत्सर्जन को सन् 2000 तक 1990 के स्तर पर लाने का प्रयास करें। इस लक्ष्य को पाने के लिए कोई कानूनी बन्धन अस्तित्व में नहीं आ सका। सन्धि में यह भी निश्चित किया गया है कि विकसित देश विश्व बैंक की ग्लोबल एनवायरमेंट फैसिलिटी (GEF) के अन्तर्गत उपलब्ध 80 करोड़ पौंड की धनराशि का इस्तेमाल इस लक्ष्य की प्राप्ति के लिए करें।

जैव विविधता (Bio-Diversity) पर समझौता

इस समझौते के अन्तर्गत सभी राष्ट्र अपनी सीमाओं के भीतर वानस्पतिक एवं जीव जन्तुओं की विभिन्न जातियों को सुरक्षित करें। किन्तु राष्ट्रों को इस कार्य के लिए बाध्य करने हेतु कोई कानूनी बन्धन नहीं है। समझौते में यह भी कहा गया है कि विकसित देश G.E.F. में उपलब्ध फंड की सहायता दिलाकर विकासशील देशों को जैव विविधता की रक्षा के लिए प्रेरित करें।

पृथ्वी शिखर समीक्षा सम्मेलन न्यूयार्क

रियो डि जेनेरो में 1992 में सम्पन्न ऐतिहासिक सम्मेलन के पाँच वर्ष बाद कार्यकलापों की समीक्षा के लिए न्यूयार्क में पृथ्वी शिखर समीक्षा सम्मेलन का आयोजन किया गया। इस सम्मेलन में 170 से अधिक देशों के प्रतिनिधियों ने भाग लिया। रियो सम्मेलन में जिस आसन्न खतरे की ओर विश्व समुदाय का ध्यान आकर्षित कराया गया था, वह था-ग्रीन हाउस प्रभाव और पृथ्वी के ओजोन छिद्र को खतरा। जैव विविधता भी एक महत्त्वपूर्ण मुद्दा था किन्तु, पर्यावरण चिन्तकों की बार-बार चेतावनियों के बावजूद न तो क्लोरोफ्लोरो कार्बन के उत्सर्जन में कोई कमी आई और न ही कार्बन-डाई-ऑक्साइड और कार्बन-मोनो-ऑक्साइड के उत्सर्जन में। पाँच वर्ष की अवधि में इन गैसों के उत्सर्जन में निराशाजनक ढंग से वृद्धि ही हुई है।

वैश्विक पर्यावरणीय सुविधा [Global Environment Facility(G.E.F.)]

रियो डि जेनेरो के पृथ्वी सम्मेलन 1992 के बाद ही इसे व्यावहारिक रूप प्रदान किया गया। विश्व बैंक, यू.एन.डी.पी. तथा यू.एन.ई.पी. के द्वारा संयुक्त रूप से निर्मित इस कोष से विभिन्न देशों को चार प्रकार के कार्यक्रमों के लिए सहायता दी जाएगी :

1. विश्वव्यापी तापवृद्धि को कम करने के लिए
2. जैव विविधता संरक्षण हेतु
3. ओजोन की सुरक्षा के लिए
4. अन्तर्राष्ट्रीय जल संसाधनों में प्रदूषण नियन्त्रण हेतु

उत्तर एवं दक्षिण के राष्ट्रों की प्रथम GEF सभा की बैठक नई दिल्ली में 1 अप्रैल से 3 अप्रैल, 1998 तक हुई। इस बैठक का उद्देश्य उपरोक्त चार प्रकार के बारे में चर्चा करना था। अगले चार वर्षों के लिए 2.745 अरब डालर का बजट निर्धारित किया गया है।

O.D.S की समाप्ति हेतु अन्तर्राष्ट्रीय प्रयास

ओजोन परत को हो रहे नुकसान में 1979 के बाद से ही एक गम्भीर रूप धारण कर लिया। सन् 1985 में ओजोन परत के संरक्षण हेतु वियना कन्वेंशन पहला ऐतिहासिक कदम था। इसमें ओजोन क्षरण पदार्थों ओ.डी.एस. जैसे सी.एफ.सी. एवं एच.सी.एफ.सी., मिथाइल ब्रोमाइड आदि पर प्रतिबन्ध लगा दिया गया। अवैध रूप से आयात-निर्यात न हो सके, इसलिए लाइसेंस सिस्टम की व्यवस्था कर दी गई।

मॉन्ट्रियल सम्मेलन की सिफारिशों पर 1987 में अमल किया गया और 1990 में इसे सशक्त बनाया गया। वह सी.एफ.सी. और अन्य ओ.डी.एस. ओजोन डिप्लीटिंग सब्सटेंस पदार्थों को विकसित देशों द्वारा 2000 तक और विकासशील देशों द्वारा 2010

तक पूरी तरह खत्म करने के कठोर समय सारिणी निर्धारित करता है। फिर भी ओजोन परत के रिक्तिकरण की तेज दर को देखते हुए वैज्ञानिकों ने 1990 में लंदन में आयोजित एक सभा में ओ.डी.एस. के प्रयोग को और पहले क्रमबद्ध तरीके से समाप्त करने का और कड़ा लक्ष्य बनाया। लन्दन सम्मेलन में किए गए संशोधन के अनुसार यह निर्णय लिया गया कि विकसित देशों द्वारा ओ.डी.एस. का प्रयोग 2000 के बदले 1996 तक समाप्त हो जाएगा और 1992 तक यह 1986 के मौजूदा स्तर का 50 प्रतिशत हो जाएगा। कुल मिलाकर पाँच सी.एफ.सी.-11, सी.एफ.सी.-12, सी.एफ.सी.-113, सी.एफ.सी.-114, हेलोन-1211 और हेलोन-2402 के प्रयोग को समाप्त करने का निर्णय लिया गया। जैसा कि यू.एन.ई.पी. द्वारा सूचित किया गया है सी.एफ.सी. पदार्थों का विश्वव्यापी उपभोग अब 1986 के स्तर से 40 प्रतिशत कम है। सन् 1992 के मध्य जून में ब्राजील के नगर रियोडिजेनेरो में पृथ्वी बचाओ सम्मेलन आयोजित किया गया, जिसमें विश्व भर के 160 से भी शासनाध्यक्षों, राष्ट्राध्यक्षों के साथ महान पर्यावरणविद् उपस्थित हुए तथा जलवायु परिवर्तन कन्वेंशन पर हस्ताक्षर किए। सभी ने पृथ्वी पर हरित क्रान्ति लाने और उसे प्रदूषण रहित बनाने का संकल्प किया।

स्ट्रेटोस्फीयर ओजोन परत के बढ़ते रिक्तिकरण को कम करने के लिए तीन ओ.डी.एस. पदार्थों, सी.एफ.सी.एच.सी.एफ.सी. और मिथाइल ब्रोमाइड की और कटौती पर वियेना में दिसम्बर, 1995 में आयोजित ओजोन रिक्तिकारक पदार्थों पर एक विश्व सभा में एक समझौते पर पहुँचा गया। समझौते के महत्त्वपूर्ण बिन्दु इस प्रकार है : औद्योगिक देश 2010 ई. तक कीटनाशक मिथाइल ब्रोमाइड का प्रयोग कम करें जबकि विकासशील देश जिन्होंने पहले नियन्त्रण का सामना नहीं किया था, इस रसायन के उपयोग को 2002 ई. तक 1995-98 के औसत पर रोक देने के लिए सहमत हो गए। विश्व भर के मिथाइल ब्रोमाइड उपयोग के 80 प्रतिशत भाग के लिए औद्योगिक देश उत्तरदायी हैं। यह अन्य पदार्थों की तुलना में सबसे अधिक शक्तिशाली ओ.डी. एस. है जो बहिष्करण के अन्तर्गत नहीं आते। नियन्त्रण को अब थोड़ा कस दिया गया है। सी.एफ.सी. की तुलना में एच.सी.एफ. कम विनाशकारी विकल्प हैं। औद्योगिक देश 2030 ई. तक एच.सी. का बहिष्कार करने के लिए वचनबद्ध हुए हैं। भारत और चीन के सहित विकासशील देश इसका उपभोग सन् 2015 तक स्तर पर थामकर सन् 2040 ई. में एच.सी. के उपयोग का समयबद्ध तरीके से बहिष्कार कर देंगे।

10 दिसम्बर, 1997 क्योटो (जापान) में गैसों के उत्सर्जन दर को कम करने का एक समझौता हुआ। अमेरिका द्वारा प्रस्तावित छह गैसों कार्बन-डाइ-ऑक्साइड, मिथेन, नाइट्रस ऑक्साइड, हाइड्रोफ्लोरो कार्बन, परफ्लोरोकार्बन और सल्फर हैक्साफ्लोराइड को कटौती के लिए स्वीकार कर लिया गया। औद्योगिक देश उत्सर्जन दर में 5.2 प्रतिशत तक कमी करने पर सहमत हो गए। यूरोपीय संघ ग्रीन हाउस गैंसों के विस्तार में आठ प्रतिशत, अमेरिका सात प्रतिशत, जापान छह प्रतिशत और कनाडा तीन प्रतिशत कटौती

करने पर सहमत हुए। यह कटौती सन् 2008 से 2012 के बीच की जाएगी, इस बीच इन गैसों का स्तर सन् 1990 ई. के स्तर पर लाया जाएगा। यही नहीं क्योटो प्रोटोकाल में सभी राष्ट्रों से कहा गया है कि वे सतत् आर्थिक विकास के लक्ष्य को तेजी से प्राप्त करने पर ध्यान दें। इसके अनुसरण में बहुराष्ट्रीय निगमों और बहुराष्ट्रीय एजेंसियों जैसे विश्व बैंक, विश्व पर्यावरणीय सुविधा और एशियाई विकास बैंक ने इस लक्ष्य को प्राप्त करने के लिए आवश्यक संसाधन उपलब्ध कराने का वचन दिया है। पश्चिम के औद्योगिक देशों ने भी जीवाश्म ईंधन आधारित अर्थव्यवस्था से दूर हटने और अक्षय ऊर्जा स्रोतों पर निर्भरता के लिए कई पहलें की हैं। कार्बन मुक्त ऊर्जा प्रौद्योगिकियाँ, जो जीवाश्म ईंधनों पर आधारित नहीं होती हैं, प्रायोगिक जिज्ञासा के स्तर से वाणिज्यिक व्यवहार्यता की ओर बढ़ रही हैं।

परन्तु सात साल का अवरोध झेलने के बाद भी इस बहुचर्चित पर्यावरण सन्धि-क्योटो में जान पड़ती नजर नहीं आ रही है, जिसकी राह में पहले अमेरिका और उसके बाद रूस ने रोक लगाया था! अमेरिका ने हालाँकि अभी भी क्योटो पर अपना रवैया नहीं सुधारा है, पर रूस ने क्योटो सन्धि पर सहमति की मुहर लगाकर यह बाधा दूर करने का प्रयास किया है, जिसके चलते इसे प्रभावी और अनिवार्य बना पाना सम्भव नहीं हो पा रहा था। 1977 में जापान की राजधानी क्योटो में पारित की गई पर्यावरण संरक्षण की सन्धि की शर्तों के मुताबिक धनी देश 1990 में जितना गैस उत्सर्जन कर रहे थे, जबकि उस स्तर के 55 फीसदी तक उत्सर्जन कम करने लायक कटौती वही धनी देश नहीं करते हैं, तब तक इसे अन्तर्राष्ट्रीय कानून बनाकर लागू नहीं किया जा सकता है। चूँकि अमेरिका ने मार्च, 2001 में यह सन्धि मानने से इनकार कर दिया था, इसलिए सारा दारोमदार धनी देशों द्वारा वातावरण में फेंके जा रहे गैसीय प्रदूषण में 17 प्रतिशत का योगदान करनेवाले रूस पर टिका था और उसके इनकार करने पर यह सन्धि स्वयंमेव खारिज हो जाती।

क्योटो पर रूस की 'हाँ' उतार-चढ़ाव भरे कई दौर के बाद आई है और क्योटो सन्धि के अस्तित्व में आने के बाद दुनिया में कई परिवर्तन हो चुके हैं, तो भी इसकी जरूरत से कोई इनकार नहीं है। पर्यावरणविद् मानते हैं कि जब मनुष्य हर साल जीवाश्म ईंधन को जलाकर छह अरब टन कार्बन-डाइ-ऑक्साइड वातावरण में पहुँचा रहा हो और यह कार्बन-डाइ-ऑक्साइड, हाइड्रोऑक्साइड जब दूसरी ग्रीन हाउस गैसों (मिथेन, नाइट्रस ऑक्साइड, हाइड्रो फ्लोरोकार्बन, परफ्लोरोकार्बन और सल्फर) के साथ मिलकर पृथ्वी के तापमान में बढ़ोतरी कर रही हो, तो ऐसे उत्सर्जन पर रोक लगनी ही चाहिए। इस सन्धि के तहत प्रदूषण फैला रहे देशों को 2008 से 2012 के बीच कार्बन-डाइ-ऑक्साइड समेत दूसरी ग्रीनहाउस गैसों के उत्सर्जन में 5.2 फीसदी की कटौती करनी है। ताकि वातावरण में उन गैसों का स्तर सन् 1990 के स्तर के बराबर हो सके। पर कोई भी देश इस गैसीय उत्सर्जन में इसलिए कटौती नहीं करना चाहता है, क्योंकि इससे उनकी औद्यौगिक रफ्तार कम हो सकती है और वे अर्थव्यवस्थाओं के दम पर संचालित

होनेवाली दुनिया में पिछड़ सकते हैं। यही वजह है कि दुनिया का सबसे बड़ा ग्रीन हाउस गैसों का उत्सर्जक तथा अपने यहाँ उनके उत्सर्जन में सबसे कम कटौती करनेवाला देश अमेरिका अभी तक इस कोशिश में है कि वह येन-केन प्रकारेण क्योटो सन्धि को लागू नहीं होने दे। रूस द्वारा अनुमोदन नहीं होने की सूरत में अमेरिका भी इससे बचा रहता और कार्बन ट्रेडिंग आदि तरीकों से अपनी औद्योगिक रफ्तार कायम रख सकता था।

हालाँकि रूस का इस सन्धि पर राजी होना भी किसी आश्चर्य से कम नहीं है। पिछले वर्ष दिसम्बर में रूसी राष्ट्रपति व्लादिमीर पुतिन के वरिष्ठ आर्थिक सलाहकार अद्रंई इलारिनॉव ने घोषणा की थी कि रूस क्योटो सन्धि पर हस्ताक्षर नहीं कर सकता। इस वर्ष अप्रैल में इस सन्धि पर विचार करने का काम पहले तो सोवियत अर्थव्यवस्था की योजना बनाने वाले आयोग-गॉसप्लान को सौंपा गया। उसके बाद 'गुलैग' तथा फिर अन्तिम बार 'ऑस्चविट्ज' ने यह विचार किया कि रूस इस सन्धि को माने या नहीं। आखिरकार 30 सितम्बर को रूसी सरकार ने क्योटो सन्धि पर मुहर लगा दी और अब यही उम्मीद है कि पुतिन के अधिकांश कार्यों पर सहमति जतानेवाली रूसी संसद-ड्यूमा इस रास्ते में कोई अड़चन नहीं डालेगी।

बताया जा रहा है कि रूस को क्योटो पर राजी करने में अनेक कारकों का योगदान रहा है। कुछ समय पहले क्योटो सन्धि की प्रभावकारिता बढ़ाने के सन्दर्भ के फलस्वरूप इटली में हुई बैठक में न्यू इकोनामिक फाउंडेशन ने यूरोपीय संघ से माँग की थी कि उन सभी विकसित देशों के उत्पादों पर आयात टैक्स लगा दिया जाए, जिन्होंने क्योटो सन्धि का अनुमोदन नहीं किया है। फाउंडेशन प्रवक्ता एंड्रयू सिम्स ने कहा था कि ये सभी विकसित देश ऊर्जा सम्बन्धी प्रदूषण थामने के लिए प्रभावी कटौती नहीं कर रहे हैं, जिससे ये अपनी वस्तुओं की लागत में बचत कर पा रहे हैं। यदि ये देश क्योटो सन्धि का अनुमोदन कर देते, तो इन्हें पर्यावरण के अनुकूल ऊर्जा उपाय करने पर ज्यादा खर्च करना पड़ता, जिससे वहाँ निर्मित वस्तुओं की लागत बढ़ जाती।

सिम्स ने कहा था कि इन देशों का रवैया ऐसे नासमझ किशोर जैसा है जो अपने सिवा किसी दूसरे की फिक्र नहीं करते। इसी तरह करीब 20 साल पहले पर्यावरण प्रतिबन्धों की माँग करनेवाले ब्रिटिश राजनयिक सर क्रिसपिन टिकल ने मत दिया था कि संयुक्त राष्ट्र के जलवायु परिवर्तन समझौते यानी क्योटो सन्धि पर हस्ताक्षर नहीं करना गैर जिम्मेदारी की इंतहा है। इसके अलावा खुद रूस में ही एक खेमा ऐसा बन गया था, जो सरकार पर क्योटो को लेकर दबाव बनाए हुए था। हालाँकि रूस की हामी के बाद भी कुछ लोग हैं, जो अमेरिका की शह पर क्योटो को निष्प्रभावी बनाने की कोशिशों में लगे हुए हैं। आस्ट्रेलियन नेशनल यूनिवर्सिटी के वारविक मैक्किब्बिन और साइराक्यूस यूनिवर्सिटी के पीटर विलकॉस्न का मत है कि यह ऐसी सन्धि है जो राजनीतिक रूप से अव्यावहारिक और आर्थिक तौर पर कमजोर करनेवाली है। इस सन्धि को मानने की लागत बहुत ज्यादा अन्तहीन है। इसके अलावा उनका तर्क है कि किसी ग्लोबल सन्धि को असल अर्थों में ग्लोबल होना चाहिए जबकि क्योटो सन्धि तो

चीन, भारत और उन गरीब समझे जानेवाले विकासशील देशों के बारे में कुछ नहीं कहती, जहाँ औद्योगिक गतिविधियाँ रफ्तार पकड़ रही हैं। उनका तर्क है कि बेशक प्रति व्यक्ति के हिसाब से चीन का गैस उत्सर्जन अमेरिका के मुकाबले 14 प्रतिशत कम है, पर समग्रता में चीन तो अमेरिका से भी ज्यादा उत्सर्जन करता है।

यह सही है कि कुछ विकासशील देश जब ज्यादा गैसीय उत्सर्जन करने लगे हैं, पर यदि अमेरिका और रूस जैसे बड़े और विकसित देश दूसरे मुल्कों के सामने स्वस्थ उदाहरण नहीं रखेंगे तो ऐसे देश भला क्योटो जैसी सन्धि मानने के लिए क्यों राजी होंगे, जिन्होंने औद्योगिक विकास का ठीक ढंग से ज्यादा स्वाद भी नहीं लिया है। इसलिए क्योटो पर रूस की हामी कई अर्थों में महत्त्वपूर्ण है, क्योंकि इससे जहाँ अमेरिका पर दबाव पड़ेगा वहीं दुनिया के शेष देश भी क्योटो अथवा ऐसी ही किसी सन्धि को मानने के लिए तैयार हो सकेंगे।

विकासशील देशों का निष्क्रिय प्रतिरोध

किन्तु पर्यावरण चिन्तकों की बार-बार चेतावनियों के बावजूद न तो क्लोरो फ्लोरो कार्बन के उत्सर्जन में कोई कमी आई और न ही कार्बन-डाइ-ऑक्साइड और कार्बन-मोनो-ऑक्साइड के उत्सर्जन में। पाँच वर्ष की अवधि में इन गैसों के उत्सर्जन में निराशाजनक वृद्धि ही हुई है। प्रमुख कारण यह प्रतीत होता है कि विकसित देशों का अति व्यावसायिक दृष्टिकोण एवं पर्यावरण संरक्षण को भी व्यावसायिक लाभ-हानि की दृष्टि से देखना परिणामस्वरूप विकसित एवं विकासशील देशों के बीच एक खाई सी खिंच गई, व्यावसायिकता हावी हो गई, पर्यावरणीय मुद्दे पीछे छूट गए। उदाहरण के लिए यदि हम G E F को लें तो उत्तरी विकसित एवं दक्षिणी विकासशील राष्ट्रों के मध्य निम्न बिन्दुओं पर विवाद पैदा हो गया :

1. भूमि क्षरण एवं निर्वनीकरण।
2. G.E.F. से केवल उतनी ही आर्थिक मदद करना जितना किसी परियोजना को विश्व पर्यावरण के अनुकूल बनाने के लिए आवश्यक हो। परियोजना के इस अतिरिक्त मूल्य को (Incremental Cost) वृद्धिमान लागत कहते हैं।
3. गैर G.E.F. निधियों जैसे विश्व बैंक से भी उन्ही परियोजनाओं हेतु धन मुहैया कराने का आग्रह जो वैश्विक पर्यावरण के अनुकूल हो।

इस तीसरे मुद्दे का तृतीय विश्व के देशों ब्राजील एवं चीन आदि ने जोरदार विरोध किया क्योंकि उन्हें डर है कि इसके लागू होने से विकास योजनाओं के लिए धन आसानी से उपलब्ध नहीं हो पाएगा। उदाहरणार्थ इस प्रतिबन्ध के लागू होने के बाद ताप विद्युत परियोजनाओं के लिए धन नहीं मिल पाएगा क्योंकि यह वैश्विक तापन बढ़ानेवाली तकनीक है।

यहाँ तक ग्रीन हाउस प्रभाव का प्रश्न है, ग्रीन हाउस प्रभाव से सबसे ज्यादा

प्रभावित राष्ट्र मालदीव, हवाई द्वीप इत्यादि उत्सर्जन दर में सन् 2005 तक ही 20 प्रतिशत तक की कटौती चाहते थे, परन्तु इनकी माँग अनसुनी कर दी गई। अमेरिका द्वारा प्रस्तावित संयुक्त **कार्यान्वयन गतिविधि** को स्वीकार करने से विकासशील देशों ने इनकार कर दिया। इसके तहत अमेरिका चाहता था कि अपने देश में जीवाश्म ईंधन से होनेवाले क्षति की पूर्ति किसी विकासशील देश में सौर अथवा पवन ऊर्जा परियोजना लगाकर पूरा कर ले क्योंकि इस प्रकार विकासशील देश सम्भावित उत्सर्जन से बच जाएगा और क्योंकि यह बचत अमेरिकी खाते में जोड़ी जाएगी इसलिए अमेरिका अपने उत्सर्जन लक्ष्य को आसानी से हासिल कर सकेगा।

अमेरिका ने उत्सर्जन व्यापार का प्रस्ताव रखा पूर्वी यूरोप और पूर्व सोवियत संघ के देशों के लिए जहाँ कार्बन-डाइ-ऑक्साइड उत्सर्जन दर काफी कम है। अमेरिका कार्बन-डाइ-ऑक्साइड की इस अतिरिक्त मात्रा को खरीदकर अपना लक्ष्य पूरा करना चाहता है।

भारत ने मॉंट्रियल समझौते पर प्रारम्भ में हस्ताक्षर नहीं किए थे क्योंकि भारत का मानना था कि O.D.S. के विकल्पों के निर्माण की तकनीक उसे मिलनी चाहिए इसके अलावा इस तकनीक को अपनाने में होनेवाले खर्च को अन्तर्राष्ट्रीय सहायता से पूरा किया जाना चाहिए। बाद में हुए संशोधनों में माना गया कि भारत और चीन प्रत्येक तीन वर्ष के लिए चार करोड़ डालर की सहायता प्राप्त करेंगे। इसके साथ ही भारत 1991 में इस समझौते में शामिल हुआ।

अध्याय-3

भारत में वैकल्पिक ऊर्जा कार्यक्रम : सरकारी दावा

कार्बन मुक्त ऊर्जा प्रौद्योगिकियाँ जो जीवाश्म ईंधनों पर आधारित नहीं होती है, के स्तर से वाणिज्यिक व्यवहार्यता की ओर बढ़ रही है। इसे हमारे नीति निर्धारकों ने एक अच्छा शकुन माना है, इस आधार पर की भारत में प्रचुर मात्रा में अक्षय ऊर्जा स्रोत मौजूद हैं। इसके अतिरिक्त हमारे वैज्ञानिकों ने ही विश्व में सबसे पहले न केवल अक्षय ऊर्जा स्रोतों की सम्भाव्यता को महसूस किया बल्कि इसके दोहन की आवश्यकता को भी समझा। अक्षय ऊर्जा स्रोतों के पक्ष में राजनैतिक वचनबद्धता भी खूब दर्शायी गई। यदि सरकारी आँकड़ों को उठाया जाए तो यह परिलक्षित होता है कि अक्षय ऊर्जा के विभिन्न क्षेत्रों में राष्ट्रीय कार्यक्रमों के माध्यम से काफी प्रगति हुई है।

"अक्षय ऊर्जा के लाभों के बारे में जनसाधारण के बीच जागरूकता पैदा हुई है और इसके फलस्वरूप अक्षय ऊर्जा प्रणालियों और युक्तियों को किसी आशंका की दृष्टि से नहीं देखा जाता है। ऐसी युक्तियों और प्रणालियों का उपयोग बढ़ता जा रहा है। अक्षय ऊर्जा स्रोतों से विद्युत का उत्पादन भी बढ़ा है। दिसम्बर 1999 तक देश की कुल विद्युत का उत्पादन क्षमता में अक्षय ऊर्जा का अंशदान 1600 मेगावाट रहा है Developed Potential जो कुल क्षमता का 1.5 प्रतिशत से कुछ अधिक है। देश में 100,000 मेगावाट की Source Wise Potential अनुमानित सम्भाव्यता को देखते हुए अब तक उनका उपयोग बहुत कम है।

अपारम्परिक ऊर्जा स्रोत मंत्रालय के अक्षय ऊर्जा कार्यक्रम का एक मुख्य उद्देश्य पशु गोबर, मानव अपशिष्ट और गैर-काष्ठ कार्बनिक अपशिष्टों की, उनकी उर्वरा क्षमता को नुकसान पहुँचाए बिना, ईंधन क्षमता का दोहन करते हुए ग्रामीण क्षेत्रों में जीवन स्तर को ऊँचा उठाना है। 12 मिलियन बायोगैस संयंत्रों की संभाव्यता की तुलना में, अब तक 29 लाख पारिवारिक आकार के बायोगैस संयंत्र और 2700 सामुदायिक, संस्थागत और विष्ठा आधारित बायोगैस संयंत्र स्थापित किए जा चुके है। इनके साथ ही उन्नत चूल्हों (वुड स्टोवों) का संवर्द्धन किया जा रहा है। अब तक 309 लाख उन्नत चूल्हे उपलब्ध कराए गए हैं।

देश में प्रचुर मात्रा में सूर्य की धूप उपलब्ध रहती है और इसलिए विभिन्न प्रकार के अनुप्रयोगों जैसे खाना पकाने, खेती के उत्पादों को सुखाने, पानी खींचने, घरेलू और सड़क रोशनी, गाँवों, स्कूलों और अस्पतालों आदि में विकेन्द्रित जरूरतों को पूरा करने के लिए विद्युत के उत्पादन हेतु सौर ऊर्जा के दोहन के लिए प्रयास किए गए हैं। इन प्रयासों को दो विस्तृत कार्यक्रमों में बाँटा गया है-सौर तापीय और सौर प्रकाश वोल्टीय (एसपीवी)। सौर जल तापन प्रणालियाँ, सौर तापीय कार्यक्रम का एक महत्त्वपूर्ण भाग है। बिजली खपत में बचत होने के अलावा सौर तापकों का इस्तेमाल करने से वातावरण में कार्बन-डाइ-ऑक्साइड के उत्सर्जन को रोका जा सकता है। शनैः शनैः किन्तु स्थिर रूप से सौर जल तापन प्रणालियाँ लोकप्रिय हो रही हैं। कुछ संस्थाएँ, विशेषकर होटल, इन प्रणालियों को अपना रहे हैं। उन्होंने इन प्रणालियों की आरम्भिक उच्च लागत के भार को कम करने के लिए उपलब्ध कराई जा रही वित्तीय सहायता का लाभ उठाया है। इस वर्ष के दौरान कुल 5000 वर्ग मीटर संग्राहक क्षेत्र की स्थापना की जा रही है जिससे इस कार्यक्रम के आरम्भ से संयची कुल संग्राहक क्षेत्र लगभग आधा मिलियन वर्ग मीटर हो गया है।

सौर कुकिंग प्रणालियों का उपयोग भी बढ़ रहा है। इसकी पुष्टि अब तक बेचे गए बॉक्स के आकार के सौर कुकरों की संख्या में बढ़ोतरी से होती है जो अब तक 4,80,000 तक पहुँच चुकी है।

सौर तापीय कार्यक्रम के अन्तर्गत, अपारम्परिक ऊर्जा स्रोत मंत्रालय द्वारा सौर वायु तापन प्रणालियों और सौर भवनों का संवर्द्धन किया जा रहा है।

सौर प्रकाश वोल्टीय प्रणालियों ने विकेन्द्रित अनुप्रयोगों के लिए विद्युत उत्पादन में एक महत्त्वपूर्ण स्थान बना लिया है। अपारम्परिक ऊर्जा स्रोत मंत्रालय विभिन्न अनुप्रयोगों के लिए एसपीवी प्रणालियों के प्रदर्शन एवं उपयोग हेतु एक कार्यक्रम का कार्यान्वियन कर रहा है। सौर प्रकाश वोल्टीय कार्यक्रम के कार्यान्वियन के लिए उच्च बल दिए जानेवाले क्षेत्रों के रूप में देश में ग्यारह क्षेत्रों की पहचान की गई है। दिसम्बर के अन्त तक प्राप्त रिपोर्टों के अनुसार वर्ष 1992-2000 के दौरान 36401 सौर लालटेन वितरित किए गए हैं और 14923 सौर घरेलू रोशनी प्रणालियाँ, 2834 सड़क रोशनी प्रणालियाँ और 90 कि.वा. क्षमता के एस.पी.वी. विद्युत संयंत्र लगाए जा चुके हैं। स्टैंड अलोन एस.पी.वी. विद्युत संयंत्र दूरदराज के क्षेत्रों में अत्यधिक आवश्यक कार्य हेतु विद्युत उपलब्ध कराने में उपयोगी है। अपारम्परिक ऊर्जा स्रोत मंत्रालय द्वारा कार्यान्वित किए जा रहे सौर प्रकाश वोल्टीय विद्युत कार्यक्रम का उद्देश्य कमजोर क्षेत्र के ग्रामीण भाग में और पीक लोड सेविंग के लिए सार्वजनिक भवनों में ग्रिड सहायता उपलब्ध कराना है। अब तक 1.04 मेगावाट पावर समग्र क्षमता की 15 ग्रिड इंटरएक्टिव एस.पी.वी. विद्युत परियोजनाएँ स्थापित की गई हैं और 625 किलोवाट पावर की समग्र क्षमता की प्रणालियाँ स्थापना के अधीन हैं।

एस.पी.वी. प्रौद्योगिकी का उपयोग विशेषकर कृषि एवं सम्बद्ध उपयोगों के लिए

जल पंपन हेतु किया जा रहा है। अब तक संयची रूप से कुल 3131 एस.पी.वी. जल पंपन प्रणालियाँ लगाई जा चुकी हैं।

अब तक अक्षय स्रोतों के द्वारा 1600 मेगावाट संस्थापित उत्पादन क्षमता में से पवन विद्युत का हिस्सा 1080 मेगावाट के साथ सबसे अधिक है। बायोमास विद्युत और सह-उत्पादन का हिस्सा 222 मेगावाट और लघु पनबिजली का हिस्सा 210 मेगावाट है।

पवन विद्युत क्षेत्र में प्रारम्भ में सम्भाव्यता 20,000 मेगावाट आँकी गई थी। यह हाल ही में 45,000 मेगावाट तक बढ़ गई। इस प्रकार एक बड़ी सम्भाव्यता का अभी दोहन किया जाना बाकी है। परन्तु वर्तमान स्तर पर उपलब्धि से भी भारत विश्व में पाँचवाँ सबसे बड़ा पवन विद्युत उत्पादन क्षमता वाला देश है। इसका श्रेय अपारम्परिक ऊर्जा स्रोत मंत्रालय द्वारा इस क्षेत्र में निवेशकों को आकर्षित करने के लिए अनुकूल वातावरण उपलब्ध कराने हेतु की गई पहलें और वाणिज्यिक पवन विद्युत परियोजनाएँ स्थापित करने के लिए उद्यमियों की ओर से सकारात्मक प्रतिक्रिया का होना है। इसके अतिरिक्त भारतीय परिस्थितियों के अनुकूल पवन टरबाइनों के निर्माण के लिए अवसंरचना भी सृजित की गई है। राज्य सरकारों को यह सुनिश्चित करने के लिए दिशा-निर्देश जारी किए गए हैं कि नीतिगत उपायों के माध्यम से पवन विद्युत विकास में गति को बनाए रखा जाए। विशेषकर पवन विद्युत की निकासी, व्हीलिंग और बैंकिंग के लिए आकर्षित नीतियों का प्रस्ताव किया गया है।

चीनी मिलों में खोई आधारित सह-उत्पादन प्रचुर सम्भावनाएँ प्रदर्शित करता है। खोई आधारित सह-उत्पादन के माध्यम से 400 चीनी मिलों में अतिरिक्त विद्युत उत्पादन की सम्भाव्यता 3500 मेगावाट होने का अनुमान लगाया गया है। बायोमास विद्युत उत्पादन के लिए सम्भाव्यता 16000 मेगावाट होने का अनुमान लगाया गया है। अब तक लगभग 34 मेगावाट समग्र क्षमता की लगभग 1700 गैसीफायर प्रणालियाँ स्थापित की गई हैं। इनसे दूरदराज के गाँवों को घरेलू और सड़क रोशनी के लिए विद्युत उपलब्ध कराने में सहायता मिली है।

पिछले वर्षों में देश में कई जल विद्युत परियोजनाएँ कार्यान्वित की गई। लघुपन बिजली परियोजनाओं (एस.एच.पी.) की सम्भाव्यता 10,000 मेगावाट होने का अनुमान लगाया गया है जिसकी तुलना में 267 परियोजनाओं के माध्यम से अब तक उपलब्धि 210 मेगावाट है। 139.93 मेगावाट की समग्र क्षमता की 135 परियोजनाएँ स्थापना के अन्तर्गत हैं।

तेजी से शहरीकरण एवं औद्योगीकरण के फलस्वरूप, नगरों और शहरों में भारी मात्र में कूड़ा-कचरा जमा हो गया है। यह अनुमान लगाया गया है कि 30 मिलियन टन ठोस अपशिष्ट और 4400 मिलियन घनमीटर तरल अपशिष्ट प्रतिवर्ष पैदा हो रहा है। इसके अलावा, विनिर्माण क्षेत्र भी काफी मात्रा में अपशिष्ट सृजित करता है। ऊर्जा उत्पादन के लिए इनका उपयोग करने हेतु विभिन्न राज्यों में परियोजनाएँ आरम्भ की

जा रही हैं। अब तक 'अपशिष्ट से ऊर्जा' की 11 परियोजनाएँ, जिनकी समग्र क्षमता 15.21 मेगावाट ऊर्जा है, स्थापित की गई हैं। संकल्पना की गति में वृद्धि को देखते हुए अपशिष्ट से ऊर्जा परियोजनाओं के संवर्द्धन की दृष्टि से वर्ष 1999-2000 को एक महत्त्वपूर्ण वर्ष माना जा सकता है।

अध्याय-4

सरकारी दावों का सच : एक

वैकल्पिक ऊर्जा पर्यावरण संरक्षण के लिए या विश्व बाजार की स्थापना के लिए

भारत में वैकल्पिक ऊर्जा के कार्यक्रमों का यदि गहराई से विश्लेषण किया जाए तो उपरोक्तानुसार सरकारी दावों पर पर्यावरण संरक्षण का चढ़ा हुआ मुलम्मा परत दर परत उखड़ने लगता है। लोक-लुभावने 'ग्रीन एनर्जी' के नाम पर वैकल्पिक ऊर्जा के कार्यक्रमों को ग्रीन चश्मे से देखने के जो दावे सरकारी तौर पर मौजूद हैं वह उतर जांतें हैं तथा सजग एवं सावधान रहने का संदेश देता हुआ लाल चश्मा चढ़ा हुआ दिखने लगता है।

विकसित देश पवन ऊर्जा के माध्यम से भारत जैसे विकासशील देश को इस तरह आर्थिक रूप से नंगा करने का उपक्रम कर रहे हैं

विकसित देश सौर ऊर्जा के माध्यम से इस प्रकार भारत जैसे विकासशील देश की अर्थव्यवस्था के आवरण को इस तरह तहस-नहस करने में जुटे हैं

वैकल्पिक ऊर्जा की हरियाली, खतरे की लालिमा में बदल जाती है। यह स्पष्ट होने लगता है कि पर्यावरण संरक्षण के नाम पर, वैकल्पिक ऊर्जा के नाम पर, विकसित देशों ने किस प्रकार से व्यावसायिकता का शोषणकारी मकड़जाल एवं फन्दा इस देश के ऊपर फैला रखा है। सोलर फोटो वोल्टाइक एवं पवन ऊर्जा के कार्यक्रम इस दृष्टि से विशेष उल्लेखनीय है। पवन ऊर्जा और सोलर फोटो वोल्टाइक के माध्यम से विश्व बाजार स्थापना की जो शोषणकारी व्यवस्था स्थापित की गई है वह बरबस हमें बचपन में पढ़ी हुई कहानी की याद दिलाती है। कहानी कुछ यों थी कि एक बार सूरज और वायु में इस बात की टकराहट हो गई की हम दोनों में बड़ा शोषक कौन है। सूरज का कहना था कि मैं बड़ा हूँ और वायु का कहना था कि बड़ा मैं हूँ। बड़ा कौन है, यह तय करने के लिए रास्ते में चले जा रहे एक पथिक (राहगीर) को चुना गया। उस गरीब, फटेहाल राहगीर के शरीर में एक कुर्ता एवं एक दुशाला थी। यह तय किया गया कि जो भी इस राहगीर के ज्यादा से ज्यादा कपड़े उतरवा लेगा वही बड़ा माना जाएगा। पहले वायु को मौका दिया गया। वायु ने राहगीर के कपड़े उतरवाने के लिए अपने वेग का इस्तेमाल करना शुरू किया। वायु तेजी से बहने लगी। राहगीर जब तक कुछ समझ पाता तब तक उसका दुशाला उड़ कर दूर चला गया था। कुर्ता न उड़ जाए इसके लिए उसने जतन से कसकर पकड़ लिया। वायु का प्रवाह कभी कुर्ते को नीचे से तो कभी बाहों से उड़ाने का प्रयास करता परन्तु राहगीर किसी तरह से अपने कुर्ते को अपने पंजे से दबाकर उड़ने से बचाता रहा और अन्ततः वायु की राहगीर से दुशाला उतरवाने में

सफलता मिली और कुर्ता उसके शरीर पर बना ही रहा भले ही वह तार-तार हो गया और अब सूरज की बारी थी। राहगीर को अपना उड़ा हुआ दुशाला भी दूर जाकर मिल गया और उसने उसे धारण कर लिया। सूरज ने राहगीर के कपड़े उतरवाने के लिए अपनी तपिश का इस्तेमाल करना शुरू किया और राहगीर पर अपनी गर्मी बढ़ानी शुरू कर दी। ज्यों-ज्यों गर्मी बढ़ती गई राहगीर की बेचैनी भी बढ़ती जा रही थी। गर्मी से तंग आकर उसने अपनी दुशाला को उतारकर फेंक दिया।

सूरज के चेहरे पर विजयी मुस्कान थी और उसे अपने लक्ष्य में सफलता दिखाई दे रही थी। उसने अपनी तपिस और गर्मी बढ़ाई। बदहाल, पसीने से लथपथ राहगीर ने स्वयं अपना कुर्ता उतारकर रख दिया। अब चूँकि राहगीर का दुशाला और कुर्ता दोनों ही को उतरवाने में सूरज सफल हो गया था इसलिए सूरज को विजयी मान लिया गया।

सूरज, वायु और राहगीर की यह कहानी एक रूपक है—विकसित देशों के हितों की एवं विकासशील देशों के शोषण की। इस कहानी में लागडॉट है विकसित देशों के व्यावसायिक हित। सूरज और वायु क्रमशः हैं सौर ऊर्जा और पवन ऊर्जा की प्रतीक तथा राहगीर है विकासशील देशों का प्रतीक। आज सौर ऊर्जा और पवन ऊर्जा विकसित देशों के व्यावसायिक हितों को साधनेवाले शोषण चक्र के नुकीले दाँत हैं। इसके साथ पर्यावरण मित्र जैसे लोक-लुभावने शब्द जोड़कर विकासशील देशों को आर्थिक रूप से चूस लेने का काम किया जा रहा है। आज सौर और पवन ऊर्जा को विकसित देशों ने शोषण के खुले मैदान में चाबुक लेकर दौड़ा दिया है। विकासशील देश रूपी राहगीर को घायल करने और लूटने के लिए ऊपर बताई गई कहानी की तरह सौर ऊर्जा और पवन ऊर्जा दोनों ही प्रतिस्पर्द्धी शोषक बने हुए हैं। विकासशील देशरूपी राहगीर को नंगा करने के लिए भिड़े हुए हैं। स्वदेशीकरण का, और आत्म-निर्भरता का, पर्यावरण संरक्षण का तर्क देकर विकासशील देश विशेष रूप से भारत-पवन ऊर्जा के शोषक प्रवाह से अपने को निर्वस्त्र होने से भले बचाए हुए हैं, परन्तु उसके स्वालम्बन की दुशाला यहाँ उड़ चुकी है वहीं आयातित उपकरण एवं कल-पुर्जों पर उसकी निर्भरता ने स्वदेशीकरण को तार-तार कर दिया है। सौर ऊर्जा के क्षेत्र में तो आर्थिक दोहन एवं विदेशों की ओर पूँजी प्रवाह ने देश को निर्वस्त्र-सा कर रखा है। पवन और सौर ऊर्जा किस प्रकार विकसित देशों के शोषण का माध्यम बने हुए हैं। इसे विस्तार से भारत के संदर्भ में कुछ यूँ समझा जा सकता है—

पवन ऊर्जा

हमारे देश की छठी पंचवर्षीय योजना के दौरान वैज्ञानिकों का ध्यान पवन ऊर्जा से विद्युत उत्पादन किए जाने की ओर आकर्षित हुआ। देश के विभिन्न क्षेत्रों में जहाँ तेज हवाएँ चलती रहती हैं, वायु वेग मापक संयंत्र स्थापित कर वायु वेग सम्बन्धी आँकड़ों के आधार पर देश में पवन विद्युत उत्पादन की क्षमता 20000 मेगावाट आकलित की गई

जो अब तकनीकी विकास के साथ 30 मीटर हब की ऊँचाई पर 35,000 मेगावाट तथा 50 मीटर हब ऊँचाई पर 45,000 मेगावाट आकलित की गई है। छठी योजना के अन्तिम चरण वर्ष 1983-84 में भारत सरकार ने वाणिज्यिक स्तर पर पवन विद्युत उत्पादन हेतु विंड फार्म विकसित किए जाने का आह्वान किया गया।

1. पवन ऊर्जा से विद्युत उत्पादन में निजी क्षेत्र की भागीदारी को आकर्षित करने के लिए राज्य सरकारों और केन्द्र सरकार के स्तर पर कई नीतिगत पग और प्रेरक घोषित किए गए हैं। परम्परागत विद्युत प्लांटों को मिलनेवाली कर सुविधाएँ—जैसे पाँच साल तक कर से मुक्ति पवन विद्युत परियोजनाओं पर लागू होती है।
2. बढ़ी हुई मूल्य ह्रास सुविधा (लगाने के वर्ष में 1000 प्रतिशत) के माध्यम से पवन विद्युत जनरेटरों पर कर छूट का लाभ पाया जा सकता है।

विदेशी आयात से स्थापित पवन ऊर्जा संयंत्र देश की अर्थव्यवस्था का सूरज डुबो रहे हैं।

3. इरेडा के माध्यम से रियायती कर्ज भी उपलब्ध है।
4. पवन विद्युत जनरेटरों के आयात पर सीमा शुल्क में 25 प्रतिशत की रियायत मिलती है।
5. स्वदेश में पवन विद्युत जनित्र संयंत्र निर्माण के लिए 10 विशिष्ट खंडों के आयात और साज-सँभाल के लिए पुर्जों का आयात भी ड्यूटी फ्री है।
6. बिक्रीकर और एक्साइज ड्यूटी मुक्ति भी उपलब्ध है।
7. पवन ऊर्जा बाहुल्य राज्यों जैसे तमिलनाडु, केरल, कर्नाटक, गुजरात, महाराष्ट्र

और आन्ध्र प्रदेश ने पवन विद्युत परियोजनाओं में निजी क्षेत्र की भागीदारी को प्रोत्साहित करने के लिए व्हीलिंग, बैंकिंग, आकर्षक बैक दरें, थर्ड पार्टी सेल, पूँजी पर सहायता, उद्योग दर्जा जैसे प्रेरक घोषित किए हैं।

देश में वर्ष 2000 तक लगभग 5000 करोड़ की लागत से 1220 मेगावाट क्षमता की पवन उत्पादन की परियोजनाएँ स्थापित की गई हैं। पवन ऊर्जा से विद्युत उत्पादन की वार्षिक वृद्धि दर 25 प्रतिशत तक हो गई है। विश्व स्तर पर पवन विद्युत उत्पादन के क्षेत्र में भारत का पाँचवाँ स्थान है। ऐसा लोक लुभावना दावा सरकारी तौर पर किया जाता है।

विश्व के विकसित देशों मुख्यतः यूएसए, डेनमार्क, जर्मनी, नीदरलैंड, यूके, फिनलैंड, स्वीडन में 1980 के आरम्भ से ही विद्युत उत्पादन वाणिज्यिक स्तर पर किया जा रहा है। इन देशों में पवन विद्युत जनित्र संयंत्रों की तकनीक एवं उद्योगशालाएँ भी वृहद स्तर पर विकसित हुई। भारत में भी विकसित देशों के निर्मित पवन विद्युत जनित्र संयंत्र आयात कर स्थापित किए गए। इन संयंत्रों के आयात के साथ ही अपने देश में

ग्लोबल प्रगति या ग्लोबल शोषण?
पवन ऊर्जा के उपकरणों की अग्रणी कम्पनी (ENERCON) के ब्रोशर से साभार

तकनीकी विकास एवं संयंत्रों के उत्पादन हेतु उद्योगशालाएँ विकसित किए जाने के लिए केन्द्र सरकार द्वारा प्रेरक घोषित किए गए। ये प्रयास स्वदेशी के क्षेत्र में खाना-पूर्ति मात्र ही है। अपारम्परिक ऊर्जा स्रोत मंत्रालय, भारत सरकार ने 1998 तक 15 विंड टरबाइन जनरेटर उत्पादक फर्मों को सूचीबद्ध किया। इन फर्मों द्वारा विदेशी फर्मों के तकनीकी सहयोग से देश में विंड टरबाइन जनरेटर संयंत्रों का उत्पादन, स्थापना, टेस्टिंग

एवं कमीशनिंग का कार्य किया जा रहा है। कुछ फर्मों द्वारा विदेशों में भी पवन विद्युत जनित्र संयंत्रों की आपूर्ति एवं स्थापना का कार्य किया जा रहा है। आठवीं पंचवर्षीय योजना के दौरान पवन विद्युत उत्पादन उद्योग का वार्षिक टर्नओवर 1500 करोड़ रुपए तक पहुँच गया। वर्तमान में स्वदेशी पवन विद्युत जनित्र संयंत्रों की वार्षिक उत्पादन क्षमता 500 मेगावाट है। पाँच फर्मों को मैन्यूफैक्चरिंग सिस्टम सर्टीफिकेट, आईएसओ सर्टीफिकेट प्राप्त है। स्वदेशी फर्म विंड टरबाइन जनरेटर संयंत्र एवं पाट्र्स विदेशों से आयात भी कर रही हैं एवं संयंत्रों की स्थापना, टेस्टिंग एवं कमीशनिंग का कार्य किया जा रहा है। अपारम्परिक ऊर्जा स्रोत मंत्रालय, भारत सरकार के अनुसंधान एवं विकास कार्यक्रम के अन्तर्गत स्वदेशीकरण का प्रयास किया जा रहा है परन्तु स्वदेशी प्रयास में मुख्यतः मुश्किल यह है कि हमारे देश में पवन विद्युत जनरेटरों का रूपांकन नियम संहिता उपलब्ध नहीं है। इसलिए संरचनात्मक तकनीक और रूपांकन नियम संहिता कर्ज में लेनी पड़ती है और भारी कीमत चुकानी पड़ती है।

वर्ष 1995 से भारतीय फर्मों द्वारा पवन विद्युत जनित्र संयंत्रों का उत्पादन प्रारम्भ कर दिया गया है। देश में वर्ष 1995 तक लगभग 500 मेगावाट क्षमता तथा वर्ष 1996 से 2000 तक लगभग 720 मेगावाट क्षमता की पवन विद्युत जनित्र संयंत्रों की स्थापना की गई।

पवन विद्युत जनित्र संयंत्रों की स्थापित क्षमता एवं अनुमानित व्यय

क्र. सं.	अनुमानित व्यय	वर्ष 1995 तक	वर्ष 1996 से 2000 तक
1.	कुल क्षमता	500 मेगावट	720 मेगावाट रुपए
2.	कुल लागत	750 करोड़ रुपए	3250 करोड़ रुपए
3.	सिविल एवं विद्युत लाइन आदि कार्य	350 करोड़ रुपए	650 करोड़ रुपए
4.	आयातित पवन विद्युत जनित्र संयंत्र एवं पुर्जे आदि पर व्यय	1400 करोड़ रुपए	600 करोड़ रुपए
5.	स्वदेशी पवन विद्युत जनित्र - संयंत्र आदि पर व्यय	2000 करोड़ रुपए	

उपरोक्तानुसार यदि सरकारी आँकड़ों पर विश्वास किया जाए तो यह सिद्ध होता है कि वर्ष 1995 तक पवन विद्युत जनित्र संयंत्रों की पूरी स्थापित क्षमता 500 मेगावाट विदेशी आयात के आधार पर थी। इसमें इस हेतु व्यय किए गए रु. 1750 करोड़ रुपए में से 1400 करोड़ रुपए आयातित संयंत्रों पर व्यय हुआ। विदेशों से आयात कर ऐसे पवन विद्युत जनित्र संयंत्रों की स्थापना का क्या औचित्य था? और इससे देश को क्या हासिल हुआ? दूसरे शब्दों में 1400 करोड़ रुपये का बाजार विदेशी उद्योग के लिए भारत में बनाया गया। यदि इसी धनराशि का इस्तेमाल शोध

और विकास कार्यों में कर स्वालम्बन प्राप्त किए जाने का प्रयास किया जाता, या आधारभूत संरचनाओं की स्थापना में व्यय किया जाता तो इसका दीर्घकालीन लाभ मिलने की सम्भावनाएँ देश में रहतीं। यदि और गहराई से इन आँकड़ों का विश्लेषण किया जाए तो 1400 करोड़ रुपए के निवेश से 500 मेगावाट की क्षमता से अधिक का विद्युत उत्पादन संयंत्र परम्परागत ऊर्जा का स्थापित किया जा सकता था। सरकार की विरोधाभासी यह नीति समझ के परे है। यदि तर्क था कि 500 मेगावाट की बिजली का उत्पादन देश को प्राप्त हुआ था तो प्रश्न यह खड़ा होता है कि ऊर्जा के इस स्रोत को ही क्यों चुना गया? इससे सस्ती दर पर इसी क्षमता के विद्युत संयंत्र स्वदेशी तकनीकी के आधार पर परम्परागत स्रोतों पर स्थापित किए जा सकते थे। यदि यह तर्क दिया जाए कि पवन ऊर्जा की अपार सम्भावनाओं को देखते हुए उसका दोहन करने के उद्देश्य से इस प्रकार का निवेश आरम्भिक प्रयास था तो भी बात औचित्यपूर्ण नहीं प्रतीत होती है। यदि इसी तर्क पर आगे बढ़ना था तो भारत को विकसित देशों का बाजार बनाने के बजाय अपने संसाधनों से अपनी आधारभूत संरचनाओं को दीर्घकाल के लिए तैयार करने हेतु शोध एवं विकास कार्यों पर निवेश करना चाहिए था। तीसरा तर्क यह दिया जा सकता है कि विश्व की पर्यावरण के प्रति चिन्ता, ग्रीन हाउस प्रभाव रहित, ओजोन लेयर को क्षति नहीं पहुँचानेवाली तकनीक अर्थात विद्युत उत्पादन के प्रति विकसित देशों की प्रतिबद्धता को देखते हुए इस प्रकार का निवेश किया गया तो प्रश्न यह खड़ा होता है कि अव्वल तो ग्लोबल वार्मिंग के लिए जिम्मेदार काफी हद तक विकसित देश हैं न कि विकासशील देश। जब पर्यावरण को क्षति विकसित देशों से पहुँची है तो उसके संरक्षण की जिम्मेदारी भी उन्हीं की बनती है और उन्हें इस तथ्य को ध्यान में रखते हुए सस्ती से सस्ती दरों पर उपकरण एवं तकनीकी इस देश को मुहैया करानी चाहिए थी। परन्तु ऐसा नहीं किया गया। इस प्रकार का भारी निवेश देश की आर्थिक व्यवस्था पर प्रहार के अलावा और कुछ नहीं है।

अब आती है वर्ष 1996 से वर्ष 2000 तक की स्थिति। यदि ऊपर के आँकड़ों पर विश्वास किया जाए तो स्थिति एकदम 'यू टर्न' लिए हुए मिलती है। प्रकट हुआ है कि इस अवधि में 700 मेगावाट पवन जनित्र संयंत्रों की स्थापना की गई जिसमें कुल निवेश 3250 करोड़ रुपए का हुआ और विदेशी आयातित उपकरणों में मात्र 600 करोड़ रुपए ही व्यय हुआ जबकि स्वदेशी पवन विद्युत जनित्र संयंत्रों की भागीदारी 2000 करोड़ रुपए तक पहुँच गई। हम अपनी पीठ थपथपा रहे हैं और यह तस्वीर प्रस्तुत कर रहे है कि हमने पवन ऊर्जा के क्षेत्र में स्वदेशी करण का लक्ष्य प्राप्त कर लिया है और स्वावलम्बी हो गए हैं। इस प्रकार का दावा दिखावा एवं छलावा है। स्वदेशी पवन जनित्र विद्युत संयंत्रों की जो बात कही जा रही है वह विदेशों से आयात किए जानेवाले छोटे-बड़े कलपुर्जों एवं बड़े पार्ट्स को नजर अंदाज करते हुए कही जा रही है। पवन विद्युत जनित्र संयंत्रों के तमाम उपकरणों पर, उसके कलपुर्जों पर कस्टम ड्यूटी पर छूट प्रदान की गई है। इन पार्ट्स को

विदेशों से मँगाकर उन्हें देश में मात्र 'असम्बल' करने का काम किया जा रहा है। क्योंकि पूरे के पूरे संयंत्र अब विदेशों से न आकर छोटे-छोटे कलपुर्जे के रूप में आ रहे हैं और उन्हें देश में अंसम्बल किया जा रहा है। असम्बलिंग के कार्य को स्वदेशीकरण का नाम दे दिया गया है। इस प्रकार के छलावे पर गहराई से चिन्तन की आवश्यकता है। यदि

अमेरिकी ऊर्जा विभाग ने पवन ऊर्जा को 21वीं शताब्दी की फसल घोषित कर रखा है। 'फसल हमारी जमीन पर, परन्तु काटेंगे वे' यही अर्थशास्त्र है इस फसल का।

मशीन के एक-एक कलपुर्जे का विश्लेषण करा लिया जाए तो स्वदेशी की पोल खुलकर सामने आ जाएगी।

पवन ऊर्जा के क्षेत्र में इस प्रकार की धोखाधड़ी एवं विदेशी मशीनों के अन्धाधुन्ध आयात पर कुछ संगठनों की चिन्ता बढ़ी है और देश के न्यायालय के समक्ष इस सम्बन्ध में वाद भी दायर किया गया है। यह चिन्ता व्यक्त की गई है कि अन्तर्राष्ट्रीय बाजार की स्थापना के नाम पर त्रुटिपूर्ण एवं घटिया स्तर की मशीनें भारत में लगाई जा रही हैं जिसका परिणाम यह हुआ है कि इस प्रकार की घटिया मशीनों के लिए भारत एक प्रकार से डम्पिंग ग्राउंड बन गया है। मशीनों एवं उनके कल-पुर्जों की खरीद पर जो इनसेन्टिव, छूट और सुविधाएँ प्रदान की जा रही हैं उसका भारतीय व्यावसायिक वर्ग विदेशी उद्योगपतियों के साथ मिलकर भारी दुरूपयोग कर रहे हैं। ऐसी मशीनें जो भारतीय स्तर एवं भारत की परिस्थितियों से मेल नहीं खाती हैं, उन्हें डम्प किया जाना देशहित के विरुद्ध है। यह माँग भी उठाई गई है कि ऐसा कोई भी मॉडल जिसे आयात किया जाना है, उसे कम से कम पाँच वर्ष तक परीक्षण के तौर पर इस्तेमाल किया जाए

और जब उसका परिणाम अनुकूल हो, तभी उसे वाणिज्यिक प्रयोग के लिए अनुमोदित किया जाए। ऐसी मशीनें जो भी परीक्षण के तौर पर रखी गई हैं, उन्हें किसी भी तरह का कोई भी इन्सेन्टिव पैकेज न तो राज्य सरकार द्वारा उपलब्ध कराया जाए और न ही केन्द्र सरकार द्वारा। यही नहीं, सरकारी कम्पनियों द्वारा भी उन्हें रियायती तौर पर ऋण उपलब्ध न कराया जाए। कस्टम और सेंट्रल एक्साइज ड्यूटी की भी छूट इस प्रकार की मशीनों को नहीं दिया जाना चाहिए।[1]

आयात पर निर्भरता का ही परिणाम यह है कि आज पवन ऊर्जा आधारित विद्युत संयंत्रों की स्थापना पर व्यय 4-5 करोड़ प्रति मेगावाट आ रहा है तथा प्रति यूनिट पवन विद्युत ऊर्जा का मूल्य देखा जाए तो यह रुपए 5 से 8 प्रति यूनिट पड़ रहा है। प्रति मेगावाट इस तरह के खर्चीले संयंत्र की स्थापना एवं प्रति यूनिट विद्युत के महँगे मूल्य इस प्रकार की तस्वीर इस क्षेत्र में हुए स्वदेशीकरण के दावे की धज्जियाँ उड़ाने के लिए काफी हैं। दरें एवं मूल्य अधिक इसलिए हैं, क्योंकि हमें अपरोक्ष रूप में आज भी भारी मात्र में आयात पर निर्भर रहना पड़ रहा है और लाभ का एक बहुत बड़ा हिस्सा विदेशी उद्योगपतियों की जेबों में पहुँच रहा है। यह दरें किसी भी परम्परागत ऊर्जा स्रोत के विद्युत संयंत्र से काफी अधिक हैं। इतनी महँगी दर पर विद्युत का उत्पादन करना भारत जैसे गरीब देश की जनता की लूट एवं उसके आर्थिक ढाँचे को वस्त्रहीन बना देने का पवन ऊर्जा द्वारा प्रयास नहीं तो और क्या है? इस पर गम्भीर एवं साहसिक स्वदेशी हित में निर्णय लेना अभीष्ट है।

सोलर फोटोवोल्टाइक कार्यक्रम

प्रकृति में कुछ ऐसे तत्त्व पाए जाते हैं जिनको यदि सूर्य के प्रकाश में रखा जाए तो वे सौर ऊर्जा को सीधे विद्युत ऊर्जा में बदल देते हैं। सोलर फोटोवोल्टाइक प्रौद्योगिकी में ऐसे तत्त्वों का उपयोग सौर ऊर्जा को सीधे विद्युत में परिवर्तित करने के काम में लाया जाता है। इस विधि से विद्युत बनाने का सबसे अधिक लाभ यह होता है कि इसमें किसी प्रकार के ईंधन का उपयोग नहीं होता है, जिसके कारण विद्युत बनाने में किसी प्रकार का प्रदूषण नहीं होता है और न ही इसमें किसी प्रकार की मशीनी ऊर्जा का प्रयोग होता है। इन तत्त्वों में सिलिकॉन, जर्मेनियम, गेलियम अर्सेनाइट, कैडिमियम सल्फाइड आदि प्रमुख हैं। इन तत्त्वों में से सिलिकॉन दुनिया में सबसे अधिक मात्रा में मिलनेवाला तत्त्व है।

सोलर सेल शुद्ध सिलिकॉन के क्रिस्टल से बनाया जाता है। सोलर सेल की खोज वर्ष 1955 में की गई थी तथा लगभग 50 वर्षों में इस प्रौद्योगिकी के विकास में दुनिया के छोटे-बड़े सभी देशों में अनुसंधान हुए जिसके फलस्वरूप सोलर सेल से मिलनेवाली विद्युत 50 से 5 डालर प्रति वाट हो गई है तथा उम्मीद की जा रही है कि कुछ वर्षों में यह कीमत

1. माननीय उच्च न्यायालय लखनऊ बेंच में स्वदेशी प्रोडक्ट फोरम द्वारा यूनियन ऑफ इंडिया एवं अन्य के विरुद्ध दायर की गई रिट याचिका संख्या 1871/एमबी ऑफ 2000 दिनांक 15 मार्च, 2001 में दिए गए निर्णय पर आधारित।

घटकर 1 से 2 डालर प्रति वाट हो जाएगी। कीमत अधिक होने के कारण ही इसका उपयोग अधिक मात्रा में नहीं हो रहा है। आज सोलर फोटोवोल्टाइक सेल से कुछ वाट से लेकर सैकड़ों मेगावाट तक विद्युत उत्पादन की सम्भावना है। चूँकि एक सोलर सेल से मिलनेवाली ऊर्जा इतनी अधिक नहीं होती। अतएव बहुत सारे सोलर सेलों को जोड़कर सोलर माड्यूल बनाया जाता है जिसके लिए सेलों को श्रेणी में अथवा समान्तर जोड़ना पड़ता है। कितने सेल किस प्रकार से जोड़ने होंगे यह विद्युत ऊर्जा की आवश्यकता पर निर्भर करता है।

सोलर सेल शुद्ध सिलिकॉन क्रिस्टल से बनाए जाते हैं लेकिन शुद्ध सिलिकॉन क्रिस्टल बनाना अत्यन्त ही कठिन एवं खर्चीला है जिसके कारण सिलिकॉन पर आधारित सोलर सेल की कीमत अधिक होती है। सोलर सेल बनाने के मुख्य दो तरीके हैं :

1. सिंगिल/बहु क्रिस्टलीय सिलिकॉन सेल
2. अक्रिस्टलीय सिलिकॉन सेल

आज सोलर सेल सबसे ज्यादा अमेरिका और जापान में बनाए जा रहे हैं। इन सेलों की उपयोगिता को देखते हुए हर देश अपने यहाँ सोलर सेल बनाने के कारखाना लगाना चाहता है क्योंकि इसके लिए उपयोग में लाए जानेवाले सिलिकॉन सभी देशों में मिल जाता है। लेकिन उच्च शुद्धता वाला सिलिकॉन बनाना काफी खर्चीला काम है जिसके कारण विकासशील देश इस प्रकार के कारखाने लगाने में अपने को समर्थ नहीं पाते, फलस्वरूप उनको विदेशों से सिलिकॉन आयात करना पड़ता है। हमारे देश में वर्ष 1986 से पहले तक सोलर फोटोवोल्टाइक उत्पादन के लिए सिलिकॉन की समस्त आवश्यकता को आयात के द्वारा ही पूरा किया जाता था। वर्ष 1986 में भारतीय विज्ञान संस्थान, बंगलौर और मैसर्स मेटकॉम सिलिकॉन लिमिटेड द्वारा शुरू किए गए संयुक्त अनुसंधान एवं विकास कार्यों के आधार पर 25 टन प्रतिवर्ष की क्षमता का पोली सिलिकॉन संयंत्र की स्थापना की गई ताकि सोलर फोटोवोल्टाइक उद्योग की आवश्यकता पूरी की जा सके। वर्तमान में इस प्लांट से 2 मीलियन सिलिकॉन वेफरों का उत्पादन किया जा रहा है।

हमारे देश में सोलर से बनाने की कुल 9 एवं सोलर माड्यूल बनाने की कुल 23 कम्पनियाँ है। इन कम्पनियों द्वारा सोलर सेल/सोलर माड्यूल बनाने के लिए सिलिकॉन वेफर बाहर से आयात किए जाते है, क्योंकि देश में केवल मैटकाम सिंलिकांन लिमिटेड के द्वारा ही सिलिकॉन वेफरों का उत्पादन किया जाता है, जिसकी उत्पादन क्षमता इतनी है कि कम्पनियों के सोलर सेल बनाने के लिए सिलिकॉन वेफरों की आवश्यकता की पूर्ति हो सके। जिसके फलस्वरूप स्वदेशी कम्पनियों को विदेशी कम्पनियों पर निर्भर रहना पड़ता है। विगत वर्षो में सोलर सेल एवं सोलर माड्यूल के उत्पादन का विवरण निम्नवत है :

क्र.सं.	वर्ष	सोलर सेल उत्पादन	सोलर माड्यूल उत्पादन
1.	1991-92	1.2 मेगावाट	1.2 मेगावाट
2.	1992-93	2.0 मेगावाट	2.3 मेगावाट
3.	1993-94	2.7 मेगावाट	4.0 मेगावाट
4.	1994-95	4.0 मेगावाट	7.0 मेगावाट
5.	1995-96	4.2 मेगावाट	8.0 मेगावाट
6.	1996-97	5.2 मेगावाट	9.2 मेगावाट
7.	1997-98	8.3 मेगावाट	11.0 मेगावाट
8.	1998-99	6.5 मेगावाट	9.5 मेगावाट
9.	1999-2000	9.5 मेगावाट	11.0 मेगावाट

सोलर फोटोवोल्टाइक से ऊर्जा उत्पादन में सोलर माड्यूल की भूमिका मुख्य है, जिसके उत्पादन में लगभग 60 प्रतिशत धनराशि विदेशों से होनेवाले सामग्री के आयात पर होती है। भारत सरकार द्वारा विभिन्न अनुसंधान संस्थाओं, राष्ट्रीय स्तर की प्रयोगशालाओं, विश्वविद्यालयों में अच्छी गुणवत्ता एवं कम लागत के सोलर माड्यूल विकसित किए जाने हेतु अनुसंधान एवं विकास कार्य कराया जा रहा है ।

इंडियन इंस्टिट्यूट ऑफ साइंस बंगलौर द्वारा कॉपर इंडियन डिसेलेनाइट और कडमियम टेल्यूराइड सोलर सेलों का विकास किया जा रहा है। आई.आई.टी. दिल्ली द्वारा नैनों कम्पोजिट कॉपर आक्साइड आधारित थिन फिल्म, सोलर सेल तथा जादवपुर विश्वविद्यालय एवं इंडियन एसोसिएशन फार कल्टीवेशन ऑफ साइंस, कोलकाता द्वारा सिलिकॉन थिन फिल्मों पर अनुसंधान एवं विकास कार्य किया जा रहा है, जिनका अभी तक वाणिज्यिकरण नहीं हो पाया है, जिसके कारण सोलर माड्यूल के उत्पादन में विदेशों पर निर्भर होना पड़ रहा है, जिससे काफी विदेशी मुद्रा व्यय हो रही है। कुल मिलाकर वैकल्पिक ऊर्जा के विशेष रूप से सोलर संयंत्र आज हिन्दुस्तान के कोने-कोने से और यहाँ तक की इस देश के दूरस्थ (Remote Areas) क्षेत्रों से धन निकासी का एक माध्यम बने हुए हैं। अपारम्परिक ऊर्जा स्रोत मंत्रालय भारत सरकार द्वारा यह लक्ष्य निर्धारित किया जाता है कि देश के दूर दराज के गाँव में सोलर के माध्यम से विद्युत की आपूर्ति की जाए, विभिन्न सोलर संयंत्रों को दूर दराजों के क्षेत्रों में वितरित किया जाए। यह ऐसे क्षेत्र होते हैं यहाँ की अधिकांश जनसंख्या गरीबी रेखा के नीचे जीवन-यापन करती है। उदाहरण के लिए वर्ष 1999-2000 के दौरान इस कार्यक्रम के

क्रियान्वयन के लिए देश के निम्नलिखित क्षेत्रों को उच्च प्राथमिकता वाले क्षेत्रों के रूप में प्रतिस्थापित करना जारी रखा गया था।

1. सभी पूर्वोत्तर राज्य (सिक्किम सहित)
2. अंडमान निकोबार द्वीप समूह
3. लक्षद्वीप समूह
4. जम्मू एवं कश्मीर
5. उत्तर प्रदेश के पहाड़ी जिले
6. बिहार का छोटा नागपुर क्षेत्र
7. पश्चिम बंगाल में सुन्दर वन तथा सागर द्वीप
8. उड़ीसा में कालाहांडी-बोलांगीर-कोरापुट केबीके क्षेत्र
9. राजस्थान में जैसलमेर तथा बाड़मेर जिले
10. मध्यप्रदेश में बस्तर जिला

1999-2000 वर्ष के दौरान पश्चिम बंगाल के सागर द्वीप के गायन बाजार, खास महल और महेन्द्र गुंग गाँव में प्रत्येक 25 कि.वा.पी. क्षमता के तीन स्टैंड-अलोन एस.पी.वी. विद्युत संयंत्रों की स्थापना और कमीशनिंग की गई। इन परियोजनाओं की सहायता एम.एन.ई.एस. की सब्सिडी, विश्व बैंक कार्यक्रम के अन्तर्गत इरेडा के उदार ऋण और राज्य सरकार/वब्रेडा के योगदान से की गई। इन विद्युत संयंत्रों का प्रबन्धन स्थानीय अक्षय ऊर्जा विद्युत कोआपरेटिवों द्वारा वाणिज्यिक आधार पर किया जा रहा है। इन विद्युत संयंत्रों से उपभोक्ताओं को ग्रिड-किस्म की बिजली दी जाती है। इसके अतिरिक्त सागर द्वीप के राधाकृष्णपुर, नतेन्द्रपुर और पुरुषोत्तमपुर गाँव में प्रत्येक 25 कि.वा.पी. क्षमता की तीन विद्युत संयंत्र निर्माणाधीन हैं।

यह सभी क्षेत्र ऐसे हैं जिनकी गणना देश के सर्वाधिक पिछड़े क्षेत्रों में होती है। इस प्रकार यह स्पष्ट है कि हम देश के कोने-कोने में यहाँ तक की पिछड़े क्षेत्रों तक में सौर ऊर्जा के संयंत्रों का बाजार बना रहे हैं। इस नीति का सबसे दुखद पहलू यह है कि यहाँ जो भी संयंत्र वितरित हो रहे हैं या विक्रय हो रहे हैं उसका लगभग 40-45 प्रतिशत मूल्य विदेशी बाजारों में पहुँच रहा है। कारण साफ है कि इस क्षेत्र में बिना स्वावलम्बी हुए हम विदेशी आयात पर निर्भर होकर नीतियों का निर्धारण कर रहे हैं। विभिन्न सोलर संयंत्रों की वर्तमान में अनुमानित कीमत तथा विभिन्न अवयवों/कम्पोनेंट पर आयातित अंशदान/अनुपात को निम्नलिखित सारणी के माध्यम से समझा जा सकता है।

(सारिणी-1)

	सोलर लालटेन	सोलर होमलाइट	सोलर पम्प 1000 वाट क्षमता (10 कि.वाट.)	सोलर पी.वी. पावर प्वाइंट (नानग्रीड)	सोलर प्वाइंट (ग्रीड) (100 कि.वाट)	अन्य संयंत्र
कुल अनुमानित कीमत	रु. 3200/-	रु. 11000/-	3.00 लाख	35.00 लाख	280 लाख कि.वाट	3.5 लाख प्रति
पैनल कीमत	रु. 1900/- (10 वाट)	रु. 6700/- (37 वाट)	1.8 लाख	18.00 लाख	180 लाख	–
बैटरी की कीमत	रु. 600/-	रु. 2800/-	–	6.00 लाख	–	–
बी.ओ.एस. की कीमत	रु. 700/-	रु. 1500/-	1.2 लाख	11.1 लाख	100 लाख	–
आयातित कम्पोनेंट चेसिस की कीमत	रु. 1300/-	रु. 5000/-	1.50 लाख	12.00 लाख	220 लाख	1.2 लाख
आयातित पार्टस/कम्पोनेंट की कीमत प्रतिशत में	40 प्रतिशत	45 प्रतिशत	50 प्रतिशत	35 प्रतिशत	70 प्रतिशत	35 प्रतिशत

- सोलर सेल/वेफर पावर कंडीशनिंग यूनिट, डाटालॉगर/प्रिन्टर/(कुछ फर्मों द्वारा तो केबिल तथा जंक्शन बॉक्स तक भी बाहर से मँगाए जाते हैं।

यदि अपरम्परागत ऊर्जा स्रोत मंत्रालय भारत सरकार के आँकड़ों पर विश्वास किया जाए तो अब तक विभिन्न संयंत्रों के वितरण में करीब रुपए 884 करोड़ आयात पर व्यय हो चुका है। संयंत्र-वार इसका ब्रेकअप निम्नवत है।

सोलर लालटेन के ग्लोबल अर्थशास्त्र को समझना होगा।

सोलर लालटेन

अपारम्परिक ऊर्जा स्रोत मंत्रालय भारत सरकार के वित्तीय सहयोग से देश में अब तक कुल 3,19,310 सोलर लालटेनों की स्थापना कराई गई है जिनकी कुल क्षमता 3.2 मेगावाट है।

सोलर घरेलू बत्ती

सोलर घरेलू लाइट कार्यक्रम के अन्तर्गत कुल 1,37,212 प्रणालियाँ स्थापित की जा चुकी हैं जिनकी कुल क्षमता 5 मेगावाट है।

सोलर स्ट्रीट लाइट

ग्रामीण क्षेत्रों में मार्ग प्रकाश व्यवस्था हेतु कुल 40,764 संयंत्रों की स्थापना की गई है जिनकी कुल क्षमता 3 मेगावाट है।

सोलर पम्प

इस प्रणाली को कृषि एवं कृषि से सम्बद्ध कार्यों में उपयोग किए जाने के उद्देश्य से भारत सरकार द्वारा अनुदान एवं ऋण उपलब्ध कराया जा रहा है। देश में अब तक

सोलर वाटरपम्प से देश को हरियाली मिल रही है या बर्बादी?

कुल 3575 सोलर पम्पों की स्थापना कराई गई जिसकी कुल संचयी क्षमता 4.5 मेगावाट है।

सोलर पावर प्लांट

सोलर पावर प्लांट कार्यक्रमों के अन्तर्गत ग्रामीण एवं दूरवर्ती क्षेत्रों में विभिन्न क्षमताओं के कुल 2.5 मेगावाट के सोलर पावर प्लांटों की स्थापना कराई गई है।

इसके अतिरिक्त दूरसंचार में 15 मेगावाट एवं अन्य उपयोगों में 15.7 मेगावाट की क्षमता स्थापित की गई है। इस प्रकार देश में अब तक 65 मेगावाट समग्र क्षमता के

सोलर फोटोवोल्टाइक प्रणालियों की स्थापना की गई जिसका सेक्टरवार विवरण निम्नवत है :

सोलर फोटोवोल्डटाइग माड्यूल का सेक्टर वार विवरण

(सारिणी-2)

क्र.सं.	सेक्टर	स्थापित क्षमता
1.	सोलर लालटेन	3.2 मेगावाट
2.	सोलर घरेलू लाइट	5.0 मेगावाट
3.	सोलर स्ट्रीट लाइट	3.0 मेगावाट
4.	सोलर पम्प	4.5 मेगावाट
5.	विद्युत संयंत्र	2.5 मेगावाट
6.	दूरसंचार	15.0 मेगावाट
7.	अन्य	15.7 मेगावाट
8.	निर्यात	18.0 मेगावाट
	योग	**65.00 मेगावाट**

इस प्रकार सोलर माड्यूल के उत्पादन में सारणी एक के आधार पर विदेशी मुद्रा के व्यय का विवरण निम्नवत है–

1. सोलर फोटोवोल्टाइक माड्यूल की कुल स्थापित क्षमता 65 मेगावाट।
2. सोलर फोटोवोल्टाइक माड्यूल की प्रतिवार अनुमानित लागत 200/रुपए प्रति वाट।
3. कुल उत्पादन लागत 1300 करोड़ रुपए।
4. सोलर माड्यूल के उत्पादन में प्रतिवाट आयातित अंश 130 रुपए प्रतिवाट
5. आयात पर कुल व्यय 884 करोड़ रुपए।

उक्त से स्पष्ट है कि हमारे देश के गरीब से गरीब, पिछड़े से पिछड़े लोगों तक विदेशी निर्माताओं की पहुँच सुनिश्चित हो रही है और इनकी जेब से पैसा निकाल कर हम विदेशी निर्माताओं के प्रोडक्ट्स की मार्केटिंग कर रहे हैं। इसमें देश एवं राज्य सरकारों द्वारा दी जानेवाली सब्सिडी भी शामिल कर ली जाए तो उसका भी बोझ देश की गरीब जनता की जेब पर ही पड़ता है। सारिणी 3 एवं 4 से स्थिति को और भी स्पष्ट रूप से समझा जा सकता है।

वर्ष 1999-2000 के एसपीवी कार्यक्रम हेतु वित्तीय सहायता की पद्धति और लाभार्थियों की पात्र श्रेणी
(सारिणी-3)

(क) वित्तीय सहायता की पद्धति

क्र.स.	एसपीवी प्रणाली	केन्द्रीय सब्सिडी	सेवा शुल्क
1.	सौर लालटेन	1500/- निश्चित	100/- रु.
2.	घरेलू रोशनी प्रणाली /सौर घरेलू प्रणाली	6,000 रुपए अथवा पूर्व-कार्य लागत का 50 प्रतिशत जो भी कम हो।	200/- रु.
3.	सड़क रोशनी प्रणाली	12,000 रु. अथवा पूर्व-कार्य लागत का 50 प्रतिशत, जो भी कम हो।	—
4.	विद्युत संयंत्र और अन्य प्रणालियाँ	2,00,000 रु./कि.वा.पी. वोल्टीय ऐसे क्षमता या प्रकाश पूर्व-कार्य लागत का 50, प्रतिशत जो भी कम हो।	10,000/-

केन्द्रीय सब्सिडी हेतु पात्र लाभाथियों की श्रेणियाँ
(सारिणी-4)

एसपीवी प्रणाली	व्यक्तिगत उपयोगकर्त्ताओं और लाभ न कमानेवाली संस्थाओं/संगठनों की सभी श्रेणियाँ। किसी भी व्यक्ति को एक से अधिक सौर लालटेन नहीं दी जाएगी।
घरेलू रोशनी प्रणालियाँ /सौर घरेलू प्रणलियाँ	व्यक्तिगत उपयोगकर्त्ताओं और लाभ न कमानेवाली संस्थाओं/संगठनों की सभी श्रेणियाँ किसी भी व्यक्ति को एक से अधिक प्रणाली नहीं दी जाएगी।
सड़क रोशनी प्रणालियाँ	सभी श्रेणी की गैर-वाणिज्यिक संस्थाएँ/संगठन, राज्य नोडल एजेंसियाँ, विद्युत बोर्ड, पंचायत, जिला परिषद और डीआरडीए।
एसपीवी विद्युत संयंत्र/ अन्य प्रणालियाँ	सभी श्रेणी की गैर-वाणिज्यिक संस्थाएँ/संगठन, राज्य नोडल एजेंसियाँ, विद्युत बोर्ड, पंचायत, जिला परिषद और डीआरडीए।

अन्ततः कुल मिलाकर सब्सिडी के माध्यम से/लाभार्थी अंशदान के माध्यम से/ इस देश की गरीब जनता की कमाई का एक बहुत बड़ा हिस्सा विदेशी निर्माताओं के पास पहुँच रहा है। भारत सरकार/राज्य सरकार के दिशा निर्देशों में यह व्यवस्था है कि सोलर संयंत्रों का एक निश्चित प्रतिशत अनुसूचित जाति तथा अनुसूचित जनजाति के लोगों को उपलब्ध कराया जाए। यह प्रक्रिया शोषण एवं विदेशी बाजार हित को और भी पुष्ट करनेवाली है। यह कहने में कोई संकोच नहीं है कि ऐसे वर्गों को टार्गेट ग्रुप बनाया गया है जो देश के निर्धनतम एवं सुविधाविहीन लोग हैं। इनकी जेबों से धन निकाल कर विदेशी उद्योगों का संवर्धन कहाँ तक औचित्यपूर्ण है। यह सोचने की बात है। इतिहास के पन्नों को उलट कर यदि देखा जाए तो वर्तमान में केन्द्रीय/राज्य सरकारों में रीति-नीति उपनिवेशवाद के उस चरण की याद दिलाती है जब अंग्रेजों ने अपने देश के निर्मित माल को भारत के कोने-कोने में पहुँचाने के लिए इस देश में रेल का जाल बिछाया था। आज यह काम बिना किसी रोक-टोक के बल्कि अपनी ही देश की सरकारों की नीतियों से आसानी से सम्पन्न हो रहा है। हमारी केन्द्र सरकार या राज्य सरकार की नीतियों से समूचा सरकारी तंत्र विदेशी निर्माताओं के एजेंट की भाँति इनके लिए बाजार की स्थापना का काम कर रहे हैं और इस प्रकार भारत से धन निकासी में एजेंट की भूमिका निभा रहे है।

सोलर लालटेन : टिमटिमाती रोशनी के लिए क्या इतना खर्चा बर्दाश्त करना देशहित में है?

हम भविष्य की ऐसी कोई रणनीति भी नहीं सोच रहे हैं और न ही तैयार कर रहे हैं जिससे इस धन निकासी को रोका जा सके। यदि दूर दृष्टि से काम लिया गया होता और स्वालम्बी और स्वदेशी के लक्ष्य को सामने रखकर चिन्तन किया गया होता तो नीति

का बहाव दूसरी ओर होता। सोलर संयंत्रों के तैयार प्रोडेक्ट पर जहाँ हमने रु. 884 करोड़ व्यय कर दिए और आगे भी इससे अधिक धनराशि आयात पर व्यय करने की योजना बना रहे है। इस आयात से कोई आधारभूत संरचना की स्थापना भी देश में नहीं हो रही है, बल्कि उपभोक्ता बाजार स्थापित करने में व्यय हो रहा है और आगे भी होगा। उचित होता कि इस प्रकार की तैयार वस्तुओं के आयात को हतोत्साहित किया जाता और जो धनराशि इस पर अब तक व्यय की गई है, उसका इस्तेमाल शोध कार्यों में किया जाता जिससे सोलर माड्यूल के उत्पादन में देश को स्वावलम्बन प्राप्त हो पाता। अपरिहार्य भौगोलिक क्षेत्रों को छोड़कर यहाँ की ऊर्जा का कोई विकल्प नहीं है, अन्य समस्त जगहों पर सोलर संयंत्रों की विद्यमानता को कठोरता से प्रतिबंधित कर दिया जाना चाहिए। सोलर ग्रिड पावर प्लांट एवं सोलर स्टिम पावर प्लांट आज की तिथि में पूर्णतयाः अप्रासंगिक और धन व्यय का साधन मात्र है।

यही नहीं लोगों को ऊर्जा भी मिले तथा धन की निकासी भी रूके, इस विकल्प पर कोई गम्भीर चिन्तन नहीं किया जा रहा है। सोलर संयंत्र के जिस कम्पोनेंट को आयात करना पड़ता है, देखने की आवश्यकता है कि आखिर उसका कार्य क्या है। मोटे तौर पर यह कम्पोनेंट सोलर माड्यूल के निर्माण में उपयोग में लाया जाता है। सोलर माड्यूल का कार्य होता है विद्युत पैदाकर बैटरी को चार्ज करना। मात्र बैटरी चार्जिंग के लिए रुपए-884 करोड़ रुपए का आयात उपयुक्त आर्थिक उपादेयता एवं उपयुक्त तकनीकी श्रेणी में नहीं आता है। यदि बैटरी चार्ज करनी ही है तो उसके लिए अनेक विकल्प मौजूद हैं जिन पर कार्यकर परिणाम प्राप्त किए जा सकते हैं। जिन क्षेत्रों में ग्रिड से विद्युत आपूर्ति की सुविधा उपलब्ध है (भले ही वह कम समय के लिए उपलब्ध हो)। वहाँ पर बैटरी को चार्ज करने के लिए स्टेशन बनाया जा सकता है और लोग अपने बैटरी लाकर वहाँ पर चार्ज करें।

यहाँ पर ग्रिड उपलब्ध नहीं है वहाँ पर जनरेटर सेट लगाकर चार्जिंग स्टेशन तैयार किए जाएँ और उस स्टेशन पर लोग अपनी बैटरी को चार्ज कर लें।

यह भी उल्लेखनीय है कि पब्लिक डिस्ट्रीब्यूशन के अन्तर्गत गाँव में जो मिट्टी का तेल लोगों को उपलब्ध कराया जाता है उसका उपयोग व्यक्तिवार न करके उसके एक अंश से जनरेटर सेट चालू कर बैटरी को चार्ज करने की सुविधा उपलब्ध करा दी जाए।

जिस प्रकार यान्त्रिक ऊर्जा को विद्युत ऊर्जा में परिवर्तित करने के छोटे-छोटे उपकरण उपलब्ध हैं। उसका इस्तेमाल भी प्रकाश कार्य के लिए किया जा सकता है। जैसे—साइकिल सवार साइकिल चलाकर डाइनेमो के माध्यम से प्रकाश प्राप्त कर लेता है उसी प्रकार बैटरी चार्जिंग की व्यवस्था की जा सकती है और देश में उपलब्ध अपार पशु शक्ति, पशु संसाधन मानव संसाधन को यान्त्रिक ऊर्जा उत्पादन करने के कार्य में लगाकर बैटरी चार्जिंग के कार्य को कराया जा सकता है। इससे लोगों में श्रम करने की आदत होगी वहीं धन की बचत एवं स्वदेशीकरण को भी बढ़ावा मिलेगा।

अध्याय-5

सरकारी दावों का सच : दो

वैकल्पिक ऊर्जा के स्वदेशी उद्योगों की तबाही

वैकल्पिक ऊर्जा के तमाम उपलब्ध स्रोतों में से केवल उन्हीं को बढ़ावा देने की नीति इस देश में अपनाई जा रही है, जहाँ पर इम्पोर्ट कम्पोनेंट शामिल हैं। दूसरे शब्दों वैकल्पिक ऊर्जा के जिस क्षेत्र में विदेशी आयात की सम्भावना है, विदेशी उद्योगों पर निर्भरता की स्थिति है, उसका जोर-शोर से प्रचार-प्रसार एवं उपयोग देश में हो रहा है। सोलर फोटोवोल्टाइक एवं पवन ऊर्जा इसके सिद्ध प्रमाण हैं। यह दोनों ही आज देश में विश्व बाजार के सुनहरे क्षेत्र बने हुए है। आश्चर्यजनक तथ्य यह है कि अनुदान का भारी हिस्सा भी इन्हीं दोनों कार्यक्रमों के लिए तय कर रखा गया है।

सरकारी उपेक्षा से मात्र प्रदर्शन की वस्तु रह गया है—सोलर कुकर। स्वदेशी संयंत्रों की यही कहानी है।

उदाहरण के लिए सोलर पीवी क्षेत्र में अधिकतम अनुदान मंत्रालय द्वारा प्रदान

किया जाता है, जबकि यह सब जानते हैं कि सोलर पीवी संयंत्रों के लगभग 40 प्रतिशत अंश को आयात करना पड़ता है।

वैकल्पिक ऊर्जा के जिन क्षेत्रों का स्वदेशीकरण हो चुका है, जिनकी तकनीकी पूर्ण रूप से स्वदेशी है, उसकी लगातार उपेक्षा की जा रही है। ***सोलर थर्मल में सोलर कुकर एवं सोलर वाटर हीटर दो ऐसे*** क्षेत्र हैं, जिसकी तकनीकी पूर्ण रूप से स्वदेशी है, परन्तु स्वदेशीकरण होते ही तत्काल इनसे अनुदान वापस ले लिया गया तथा उन्हें अपने पैरों पर खड़ा होने के लिए छोड़ दिया गया। परिणाम यह हुआ कि इतनी प्रारम्भिक अवधि में जबकि पूरा सोलर थर्मल क्षेत्र शोध एवं विकास की स्टेज में था, अनुदान वापस ले लेने पर उसे दम तोड़ना शुरू कर दिया है। यदि इन संयंत्रों के विर्निमाताओं को प्रोत्साहित किया गया होता, इस क्षेत्र में शोध एवं विकास किया जाता तो उसका व्याापक उपयोग देशभर में सुनिश्चित हो जाता। इसके व्यापक स्तर पर अनुपयोग से यहाँ परम्परागत ऊर्जा के साधनों पर भार कम होता, बिजली की बचत होती, ईंधन की बचत होती, वहीं इसके सामाजिक परिणाम भी काफी अनुकूल होते। सोलर वाटर हीटर, सोलर कूकर को सस्ता बनाकर उनके माडल आदि में शोध कार्य करके पारम्परिक विद्युत की बहुत बड़ी बचत की जा सकती है। परन्तु इन दोनों उपकरणों का स्वदेशीकरण हैं, इसलिए इनसे विदेशी उद्योगों के कोई हित साधन नहीं होत, इसलिए उसको उपेक्षा की स्थिति में छोड़ दिया गया है। ऊर्जा संरक्षण और विद्युत की बचत की पर्याप्त संभावनाओं से युक्त यह दोनों संयंत्र आज अपेक्षा के कारण लगभग दम तोड़ रहे है।

गति नहीं पकड़ रहा है 'स्वदेशी सोलर वाटर हीटर उद्योग

इसी प्रकार गोबर गैस संयंत्र जो पूर्ण स्वदेशी तकनीकी पर आधारित हैं, आज भारी संख्या में निष्प्रयोज्य पड़े हुए हैं। इन संयंत्रों से बहुत बड़ी मात्र में ऊर्जा की आपूर्ति की जा सकती थी। अपारम्परिक ऊर्जा स्रोत के विकास की यह स्वदेशी तकनीकी लुप्त प्रायः होती जा रही हैं।

कारण साफ है कि पूर्ण स्वदेशी तकनीक पर आधारित इस कार्यक्रम में हमारे द्वारा आगे सुधार के लिए कोई प्रयास नहीं किया गया। दूसरे शब्दों में शोध एवं विकास कार्यों की इस क्षेत्र में पूर्ण अवहेलना की गई। गोबर गैस के जो संयंत्र जिस

स्वदेशी तकनीक वाले बायोगैस संयंत्र नए अनुसंधान के अभाव में दम तोड़ रहे हैं

मॉडल और तकनीक पर शुरुआती तौर पर लगाए गए थे उनमें बिना कोई परिवर्तन किए हुए इसकी परफारमेंस एवं कमियों से बिना कोई सीख लिए हुए, उन्हें दूर करने का बिना कोई उपाय ढूंढ़े हुए लगातार हम एक ही लकीर पीटते चले जा रहे हैं। परिणामस्वरूप गोबर गैस के संयंत्र एक तरफ तो लगते चले जा रहे हैं, कागजी आँकड़ों में उनकी संख्या बढ़ती चली जा रही है, दूसरी ओर तमाम व्यावहारिक कठिनाइयों के चलते वह बंद होते चले जा रहे हैं। यदि वैकल्पिक ऊर्जा के विदेशी बाजार के चक्कर में न पड़कर मात्र इस क्षेत्र में ही विशेष ध्यान दिया गया होता तो स्थिति भिन्न होती और इन संयंत्रों से बहुत बड़ी मात्रा में ऊर्जा की आपूर्ति प्राप्त की जा सकती थी। यही नहीं, देश में हो रहे सामाजिक एवं आर्थिक परिवर्तनों को भी ध्यान में रखे बिना इस कार्यक्रम को जारी रखा गया। हरित क्रांति के बाद खेती का जिस प्रकार से मशीनीकरण हुआ है, परम्परागत हल और बैल का स्थान जहाँ ट्रैक्टरों ने ले लिया है वहीं बिना इस सच्चाई को समझे कि पशुधन पर निर्भरता एवं पशुपालन पर ग्रामीणों का जोर नहीं रह गया है, हम पशुपालन पर आधारित गोबर गैस संयंत्रों की स्थापना करते चले जा रहे हैं। जब गोबर देने वाले जानवरों की जगह ट्रैक्टर आ गए हैं तो निश्चय ही गोबर गैस के संयंत्रों को गोबर कहाँ से मिलेगा। गोबर गैस संयंत्रों की निष्प्रयोज्यता का एक बहुत बड़ा कारण यह भी है कि इस परिवर्तन को ध्यान में रखकर ऐसे गोबर गैस संयंत्रों को विकसित करने पर जोर था जहाँ कम से कम गोबर की उपलब्धता एवं उसके साथ अन्य अपशिष्टों से या

रॉ-मटेरियल को इस्तेमाल कर संयंत्र स्थापित किए जा सकते हैं। यह अदूरदर्शिता एवं शोध एवं विकास कार्यों की निरन्तर उपेक्षा स्वदेशी आधारित इस कार्यक्रम की गला घोंट रही हैं।

मानव-मल पर आधारित संयंत्रों की स्थापना का कार्य बृहद पैमाने पर देश में हो रहा है, परन्तु इसका उद्‌देश्य मात्र शौचालय की उपलब्धता तक ही सीमित रह गया है गैस जेनरेशन का इसका उद्‌देश्य नेपथ्य में चला गया है। देश की एक अरब की आबादी तथा उससे होनेवाली नाइटस्वायल की उपलब्धता की मात्र निश्चित है तो फिर इस क्षेत्र में शोध एवं विकास कार्य क्यों नहीं किया जा रहा है ताकि स्वच्छता के साथ-साथ ऊर्जा उत्पादन का मेगा लक्ष्य प्राप्त किया जा सके। नाइट स्वायल पर आधारित इन संयंत्रों से गैस उत्पादन आज मात्र छलावा बनकर रह गया है। यदि नाइट स्वायल से ही गैस उत्पादन के लक्ष्य को प्राथमिकता प्रदान करते हुए एक माइक्रो प्लानिंग इस क्षेत्र में की जाए, तो स्वदेशी तकनीकी पर आधारित ऊर्जा की पर्याप्त सम्भावनाएँ व्याप्त हैं।

जैसा कि सिद्ध है कि मावन-मल में लगभग 30 प्रतिशत ठोस पदार्थ, 8-10 प्रतिशत वाष्पशील पदार्थ तथा 70 प्रतिशत के लगभग आर्द्रता होती है। कार्बन/नाइट्रोजन का प्रतिशत 8-10 होता है तथा बीओडी/सीओडी 2.5 प्रतिशत होता है। उपर्युक्त से यह ज्ञात होता है कि बायोगैस-उत्पादन की दृष्टि से यह अत्यन्त उपयोगी है।

साधारणतः बायोगैस में 60-65 प्रतिशत तक मिथेन, 30-35 प्रतिशत कार्बन-डाइ-ऑक्साइड, लगभग एक प्रतिशत हाइड्रोजन सल्फाइड तथा शेष भाग में नाइट्रोजन, हाइड्रोजन, कार्बन-डाइ-ऑक्साइड आदि सम्मिलित होता है। केवल मिथेन ही ज्वलनशील अंश है जिसे कि ऊर्जा-उत्पादन हेतु उपयोग किया जा सकता है। बायोगैस की कैलोरीफिक वैल्यू लगभग 5000 किलो कैलोरी प्रति किलो होती है।

उपर्युक्त सन्दर्भित गुणों के कारण मानव-मल मीथेन गैस के उत्पादन के लिए उपयुक्त माना जाता है। मानव-मल के एनोरोबिक पाचन से न केवल ऊर्जा प्राप्त की जा सकती है बल्कि प्रदूषण को भी कुछ हद तक कम किया जा सकता है।

भारत की जनसंख्या लगभग 1.03 अरब है जो कि 32.9 लाख वर्ग किलो मीटर में फैली हुई है। 70 प्रतिशत आबादी ग्रामीण क्षेत्र में रहती है। औसत मनुष्य द्वारा लगभग 350 ग्राम की मात्रा में मल-उत्सर्जन माना जाए, तो पूर्ण आबादी द्वारा लगभग 3.6 लाख टन प्रतिदिन मल उत्सर्जित किया जाएगा। एकत्रित करने की दक्षता यदि 60 प्रतिशत हो, तो एनोरोबिक पाचन हेतु लगभग 2.16 लाख टन मल-मूत्र की उपलब्धता होगी। इस मात्र में लगभग 17.3 ग्राम 10 घन मी. बायोगैस उत्पादित किया जा सकेगा, जिससे 8.3 करोड़ यूनिट बिजली उत्पादित की जा सकती है।

ज्यादातर भारतीय शहरों/कस्बों में सफाई-व्यवस्था उपयुक्त नहीं होती है तथा मनुष्य अति अस्वास्थ्यकर परिस्थितियों में रहता है जिससे की गन्दी बस्तियों में बार-बार महामारी फैलती है। यदि उचित सफाई-व्यवस्था होती भी है, तो निस्तारण की ठीक

व्यवस्था नहीं है। उचित अपशिष्ठ -प्रबंधन के लिए चार मुख्य चरण हैं, यथा–एकत्रित करना, ढोना, ट्रीटमेंट तथा निस्तारण। वर्तमान में मानव-मल को बिना किसी ट्रीटमेंट के नगर के बाहरी क्षेत्र में किसी भी स्थल यथा-खुली भूमि, सूखे तालाब, गड्ढ़ों आदि में फेंक दिया जाता है, जिससे कि वायु तथा जल गम्भीर रूप से प्रदूषित हो रहे हैं। मानव-मल की प्रोसिसिंग तथा ट्रीटमेंट न केवल अपशिष्ट की मात्रा को कम करता है बल्कि ऊर्जा की प्राप्ति में भी अहम् भूमिका निभाता है।

यह सर्वविदित है कि जीवाश्म-ईंधन तीव्र गति से समाप्त हो रहे हैं तथा लम्बे समय तक उपलब्ध नहीं रहेंगे। अतः यह आवश्यक हो जाता है कि वैकल्पिक ऊर्जा स्रोतों का वैज्ञानिक तरीके से दोहन किया जाए, जिससे आवश्यकता तथा आपूर्ति के अन्तराल को कुछ सीमा तक कम किया जा सके।

मानव-मल से ऊर्जा दोहन के लिए पर्यावरण सुरक्षित तकनीक उपलब्ध हैं। इस प्रक्रिया को एनोरोबिक पाचन अथवा बायोमिथेनशन कहते हैं। इस प्रक्रिया के अन्तर्गत मानव-मल को बायोगैस डाइजेस्टर के माध्यम से ट्रीट किया जाता है तथा बहुमूल्य बायोगैस प्राप्त होती है, साथ-ही-साथ मानव-मल में विद्यमान हानिकारक जीवाणु भी नष्ट हो जाते हैं।

अब समय आ गया है कि देश में ऊर्जा की आवश्यकता को देखते हुए विश्व व्यापी ग्लोबल वार्मिंग की चिन्ता के मद्देनजर, स्वदेशी तकनीक आधारित भारत के उपलब्ध अपार मानव-मल से ऊर्जा-उत्पादन तथा उसके इस सुरक्षित निस्तारण पर गम्भीरता से विचार किया जाए। राज्य में नीति निर्धारित करनेवाले अधिकारियों को इस महत्त्वपूर्ण अपशिष्ट से ऊर्जा दोहन पर जोर देना होगा तथा प्राथमिकता निर्धारित की जानी होगी। यह आवश्यक है कि मानव-मल से ऊर्जा-दोहन के क्रम में प्रस्ताव बनाया जाए ताकि पारम्परिक ऊर्जा की आवश्यकता को कुछ हद तक कम किया जा सके। जागरूकता, ज्ञान तथा इस अपशिष्ट से ऊर्जा-दोहन के महत्त्व को उत्पन्न करने के लिए विचार-गोष्ठी, प्रशिक्षण आदि के लिए हर स्तर पर प्रोत्साहन दिया जाना आवश्यक है।

इस देश के लिए स्वदेशी तकनीकी पर आधारित **गैसीफायर** की भी लगभग ऐसी ही कहानी हैं। गैसीफायर संयंत्र एक ऐसा संयंत्र है, जिसमें लकड़ी, कृषि अवशिष्ट तथा धान की भूसी आदि का प्रयोग कर प्रोड्यूसर गैस का उत्पादन किया जाता है। उत्पादित गैस का उपयोग सीधे जलाकर अथवा ड्यूल-फ्यूल इंजन में विद्युत उत्पादन हेतु किया जाता है। गैस को सीधे जलाने पर पूर्व में उपयोग की जा रही लकड़ी की मात्रा में बचत होती है। जबकि विद्युत उत्पादन हेतु इसके प्रयोग से लगभग 70 से 80 प्रतिशत तक डीजल की बचत होती है। बायोमास में मुख्यतः कार्बन, हाइड्रोजन तथा ऑक्सीजन अणु होते हैं जो कि पूर्णतः जलने के उपरान्त कार्बन-डाई-ऑक्साइड तथा जल वाष्प बनाते हैं जबकि आंशिक रूप से जलाए जाने पर कार्बन-मोनो-ऑक्साइड, हाइड्रोजन बनाते हैं, जो कि पूर्णतः ज्वलनशील है। सालिड बायोमास का अधिकतर पूर्णतः जलना न हो पाने

के कारण अपेक्षित दक्षता प्राप्त नहीं हो पाती है अतः उच्च दक्षता प्राप्त करने हेतु इसका गैस के रूप में परिवर्तन कर उच्च दक्षता प्राप्त की जा सकती है।

दो प्रकार के गैसीफायर संयंत्र लिए जाएँगे—

(क) लकड़ी पर आधारित गैसीफायर संयंत्र (थर्मल) :

इस संयंत्र से प्राप्त प्रोड्यूसर गैस का उपयोग सीधे जलाकर खाना बनाने हेतु किया जाता है।

गैसी फायर संयंत्रों की स्थापना में पिछड़ क्यों रहे हैं।

(ख) धान की भूसी पर आधारित गैसी फायर संयंत्र (विद्युत उत्पादन) :

संयंत्र से प्राप्त प्रोड्यूसर गैस का उपयोग ड्यूल-फ्यूल इंजन चलाकर विद्युत उत्पादन हेतु किया जाता है। इसका उपयोग डीजल इंजन से बिजली या पपिंग सेट चलाने के लिए किया जाता है जिसके निम्न प्रकार हैं :

(1) यह गैस डीजल इंजन में डीजल के साथ प्रयोग करने से डीजल के खर्च में 65% से 85% तक बचत कर सकता है।

(2) इस विधि से प्रति यूनिट बिजली पैदा करने के लिए केवल एक किलो धान की भूसी तथा 0.10 लीटर डीजल खर्च होता है। अर्थात बिजली उत्पादन में (ईंधन) खर्च केवल रु. 2.30 (Approx) प्रति यूनिट पड़ती है।

(3) इस विधि से बिजली उत्पादन, पंपिंग इत्यादि का खर्च अत्यन्त कम होता है।

(4) संयंत्र की लागत 5 से 12 महीने में वापस।

(5) 3Kw से 500 Kw तक की क्षमता का गैसीफायर उपलब्ध। इससे अधिक

क्षमता की आवश्यकता होने पर एक से अधिक इकाईयाँ लगा सकते हैं।

(6) भारत सरकार द्वारा मान्य/सब्सिडी/इन्कम टैक्स में छूट एवं शीघ्र ऋण सुविधा भी उपलब्ध है।

इसी प्रकार डीजल भट्टी/फरनेंस चलाने के लिए भी इसका उपयोग हो सकता है जिसके निम्न महत्त्वपूर्ण बिन्दु हैं—

1. किसी भी प्रकार की भट्टी या चूल्हे में जिसमें फरनेस आयल, डीजल इत्यादि का प्रयोग हो रहा है, यह गैस अकेले या वर्तमान ईंधन के साथ प्रयोग की जा सकती है।
2. इससे 900 सें.ग्रे. तक तापांक प्राप्त कर सकते हैं।
3. यह पेट्रोलियम पदार्थों या कोयले के तरह से प्रदूषण नहीं फैलाता है।
4. 4-5 किलो धान की भूसी से प्राप्त गैस 1 लीटर डीजल या फरनेस ऑयल से अधिक ऊर्जा उत्पन्न करती है। इस प्रकार ताप उत्पादन खर्च बहुत ही कम किया जा सकता हैं।
5. रोलिंग-मिल, ब्वायलर, बेकरी, बिस्कुट, चूड़ा भट्टी के लिए अत्यन्त उपयोगी।
6. यह होटलों, रेस्टोरेंटों या कैंटीन में खाना बनाने तथा पानी गर्म करने में भी उपयोगी है।
7. भारत सरकार द्वारा मान्य/सब्सिडी/इरेडा द्वारा शीघ्र ऋण सुविधा एवं इन्कमटैक्स में छूट भी उपलब्ध है।

परन्तु इतने आश्चर्य की बात है कि इतने लाभदायक एवं आकर्षक सरकारी सुविधाओं के बावजूद भी यह कार्यक्रम जन कार्यक्रम क्यों नहीं बन पा रहा है? यहाँ भी कारण यही प्रतीत होता है कि स्वदेशी तकनीक आधारित इस कार्यक्रम को अपने भाग्य पर छोड़ देने का काम किया गया है, जो सुविधाएँ आदि दी गई हैं उन्हें भी प्रचलित करने में पूर्ण मनोयोग नहीं दर्शाया जा रहा है। गैसीय फायर संयंत्रों का निर्माण करनेवाली कम्पनियों एवं उद्योगों को भी प्रोत्साहित करने में रुचि कम ही प्रदर्शित हो रही है। जितना ताम-झाम, हाइ-फाइ, प्रचार-प्रसार सोलर फोटोवोल्टाइक एवं पवन ऊर्जा के कार्यक्रमों का है उतना इस स्वदेशी आधारित तकनीक पर नहीं है। यही नहीं, हार्टीकल्चर, खाद्य, कृषि, राजस्व (भू) विभागों के बीच जिस तालमेल की आवश्यकता है, उसका भी दर्शन कहीं दिखायी नहीं देता है। यह कार्यक्रम विभिन्न विभागों के समेकित प्रयास से ही सम्भव हो सकता है। इस तथ्य को अभी तक नहीं समझा गया है। वृक्षारोपण का कार्यक्रम इस देश में बृहद पैमाने पर चलाया जा रहा है। यदि वृक्षारोपण कार्यक्रम के साथ इसे जोड़ दिया जाए तो काफी आशाजनक परिणाम प्राप्त हो सकते है जैसाकि निम्न अध्ययन से स्पष्ट है।

सोशल फारेस्ट्री विभाग द्वारा ऊर्जा वृक्षारोपण की तकनीकी विकसित की जा चुकी है, जिसमें मुख्यतः तेजी से बढ़नेवाली प्रजातियों का कम्बीनेशन तैयार किया जाता है। इसमें मुख्यतः बबूल, यूकेलिप्टस, कंकरा (Braguiera), क्योरो (Sonneretia apetala)

गोरन (Qriops Tagal) इत्यादि का वृक्षारोपण, प्रमुख रूप से बबूल एवं यूकेलिप्टस का 70 एवं 30 प्रतिशत के अनुपात में, का अनुपात उपयुक्त पाया गया।

अध्ययन से यह ज्ञात हुआ कि लगभग 4-5 वर्ष में लगभग 55 टन जलावन लकड़ी प्रति हेक्टेयर प्राप्त होती है जो कि प्रतिवर्ष 55/4.5-12.22 टन या 24.44 क्यूबिक मीटर प्रति हेक्टेयर प्रतिवर्ष होगी। यदि कलेक्शन एफिशियन्सी 75 प्रतिशत मानी जाए तो प्रतिवर्ष लगभग 9 (नौ) टन प्रति हेक्टेयर होगी जो कि 9000 कि.वा. आवर होगा। यदि यह माना जाए कि प्रतिदिन 8 (आठ) घंटे 100 कि.वा. आवर विद्युत उत्पादन की आवश्यकता है तो लगभग 4 हेक्टेयर भूमि पर किया गया वृक्षारोपण बायोमास की आपूर्ति कर सकेगा। 100 घर की आबादी के ग्राम हेतु आवश्यकता निम्नवत् है :

1. गाँव की आबादी	100 परिवार
2. प्रति परिवार विद्युत कनेक्शन	01 किलोवाट
3. प्रति विद्युत आपूर्ति	08 घंटे
4. विद्युतिकरण का प्रतिशत	80 प्रतिशत

लकड़ी का कंजम्प्शन

1. प्रस्तावित गैसीफायर की क्षमता	100 कि.वा./घंटा
2. प्रति घंटा लकड़ी की खपत	100 × 1.2 = 120/प्रति घंटा
3. आठ घंटा प्रतिदिन	120 × 8 = 960 कि.ग्रा. प्रतिदिन
4. प्रतिवर्ष लकड़ी की खपत	960 × 360 = 350400 कि.ग्रा. 35.04 टन)

वृक्षारोपण हेतु आवश्यक भूमि

1. एक हेक्टेयर से प्राप्त होनेवाली लकड़ी	09 टन
2. 35.04 टन लकड़ी हेतु आवश्यक भूमि	3.8 हेक्टेयर (4 हेक्टेयर)
3. प्रति 100 कि.वा.आवर गैसीफायर से 08 घंटे प्रतिदिन से वर्ष में प्राप्त होनेवाली विद्युत	292000 कि.वा.

एम.एस.डब्ल्यू. पर आधारित प्लांट की स्थापना में भी यही विरोधाभाषपूर्ण नीति अपनाई जा रही है। म्यूनिसिपल सालिड वेस्ट जो पूरे देश के लिए गम्भीर समस्या बना हुआ है, स्वच्छता के साथ जुड़े हुए इस कार्यक्रम की देश को महती आवश्यकता है, परन्तु एम.एस.डब्ल्यू. के ट्रीटमेंट के लिए जितनी प्रचलित तकनीकी है, उनमें उन्हें प्रोत्साहित करने का काम इस देश में हो रहा है, जिनका विदेशी पेटेंट है। पूरे देश में उत्पादित होनेवाले कूड़े कचरे की मात्रा का आकलन हमारे सामने है और भविष्य में भी इसकी जो उपलब्धता रहेगी, उसको लेकर भी निश्चित मत है तो फिर इसके ट्रीटमेंट के लिए कोई स्वदेशी तकनीकी, देश की परिस्थितियों, देश की सामाजिक एवं आर्थिक स्थिति को ध्यान में रखते हुए तय क्यों नहीं की जाती? बायोमीथिनेशन प्लांट की

स्थापना फिलहाल इस देश में प्रमोट किया जा रहा है। बायोमीथिनेशन प्लांट की स्थापना के लिए कूड़े की क्या क्वालिटी होनी चाहिए, उस पर ध्यान दिए बिना उसको अपने देश में प्रोत्साहित करना अपने को भ्रम में रखना है। एम.एस.डब्ल्यू. से ऊर्जा का उत्पादन महँगा है, उसकी तकनीक विदेशी है, फिर उसके पीछे पड़ने का क्या औचित्य है? हमें अपने देश की परिस्थितियों के अनुसार अपनी सामाजिक मान्यताओं के अनुरूप उससे उपयोग होनेवाले प्रोडक्ट्स को प्रोत्साहित करना चाहिए। भारत एक कृषि प्रधान देश है। उर्वरक एवं कम्पोस्ट खाद इसके लिए महती आवश्यकता है। बजाय करोड़ों रुपए खर्च करके नाममात्र के विद्युत उत्पादन करने से अच्छा है कि एम.एस.डब्ल्यू. से खाद बनाने के लिए तकनीकों का विकास अपने देश में हम करें, परन्तु इसमें भी चूक की गई है। विदेशियों के फैलाए हुए भ्रमजाल में हम फँस गए हैं। मसलन एम.एस.डब्ल्यू. से तैयार होनेवाली खाद हानिकारक है। अव्वल तो यह कि बिना कोई वैज्ञानिक शोध किए यह कह देना कि यह खाद हानिकारक है, उचित नहीं है। हमें इस बात का शोध एवं विकास करना चाहिए कि इसको किस प्रकार लाभदायक उर्वरक बनाया जाएँ। यदि हम शोध एवं विकास के माध्यम से एम.एस.डब्ल्यू. पर तैयार होनेवाली खाद को फसल के लिए उपयोगी बना सकें तो इससे बढ़कर वरदान कोई दूसरा इस देश के लिए नहीं हो सकता। एम.एस.डब्ल्यू. के उन अंश जो कि खाद के काम नहीं आ सकते, उन्हें रिसाइकिल करने की नीति को बढ़ावा दिया जाना चाहिए या लैंड फिल के लिए प्रयोग में लाना चाहिए।

कहने का तात्पर्य यह है कि हमें ऊर्जा की आवश्यकताओं की पूर्ति अपनी परम्परागत तकनीकों से कर एम.एस.डब्ल्यू. के निस्तारण हेतु एक अच्छा रास्ता निकाला जा सकता हैं, जो पूर्णतः स्वदेशी हो। एम.एस.डब्ल्यू. से विदेशी तकनीक पर आधारित यादि विद्युत उत्पादन की स्थिति बनती है और जो महँगी होती है, उसे हमें एकदम तिलांजलि दे देनी चाहिए। बिना इस भ्रम में पड़े कि हम इससे ऊर्जा का उत्पादन करेंगे, बिजली पैदा करेंगे। इससे पैदा होनेवाली बिजली हमारे देश की आवश्यकताओं को देखते हुए अत्यन्त सीमित ही रहेगी।

जहाँ तक लघु जल विद्युत परियोजना कार्यक्रम का सम्बन्ध है अब तक किए गए उपायों के फलस्वरूप 210 मेगावाट से कुछ अधिक की समग्र क्षमतावाली 267 लघु पनबिजली परियोजनाओं की स्थापना की जा चुकी है। इसके अलावा लगभग 140 मेगावाट की कुल क्षमतावाली 135 परियोजनाएँ कार्यान्वयनाधीन हैं। लघु पनबिजली परियोजनाओं की कुल सम्भाव्यता 10,000 मेगावाट आँकी गई है। यह एक ऐसा क्षेत्र है जहाँ पर सफलता ज्यादातर स्वदेशी तकनीक एवं उद्योगों की बदौलत हुई है। लेकिन पनबिजली परियोजनाओं की स्थापना में अभी और शोध एवं विकास की आवश्यकता है। यह एक ऐसा क्षेत्र है जहाँ पर विदेशी कम्पनियों की नजर लगी हुई है और उन्हें लाभ की अपार सम्भावनाएँ दिखाई पड़ रही हैं। सीधे तौर पर एवं अन्तर्राष्ट्रीय सहायता प्रदान करनेवाली संस्थाओं के जरिए इस क्षेत्र में इनका प्रवेश प्रारम्भ हो गया है। उदाहरण

विश्व बैंक का एक अध्ययन दल पोषित प्रोजेक्ट का जायजा लेता हुआ। जनता की भलाई की मंशा या आर्थिक लाभ को पक्का करने का इरादा। (चौदहवीं वार्षिक रिपोर्ट 2000-2001 इरेडा)

के तौर पर यूएनडीपी/जीईएफ पर्वतीय पन बिजली परियोजनाओं के भाग के रूप में हिमालयी और उप हिमालयी क्षेत्र में भाग लेने वाले राज्यों के लिए क्षेत्रीय योजनाएँ तैयार करने के लिए अध्ययन कराए गए हैं। यही नहीं यूएनडीपी/जीईएफ की सहायता से कई जल विद्युत परियोजनाओं की स्थापना भी की गई है। यूएनडीपी/जीईएफ की सहायता से स्थापित की गई इन विद्युत परियोजनाओं का यदि गहराई से विश्लेषण किया जाए तो इनकी मंशा तथा स्वदेशीवाद पर पड़नेवाले कुप्रभाव को समझा जा सकता है। यूएनडीपी/जीईएफ यह शर्त रखती है कि परियोजनाओं की स्थापना में जिन मशीनरियों का इस्तेमाल किया जाना है वे विदेशों से ही आयात की जाएँगी। इन्हें कुछ परियोजनाओं के उदाहरण से समझा जा सकता है :

गंगोत्री में 100 किलोवाट क्षमता का माइक्रो हाइडिल प्रोजेक्ट स्थापित किया गया है जिसकी लागत 121.00 लाख रु. है। इस परियोजना में इस्तेमाल की गई 65.55 लाख रुपए की मशीनरी चेकोस्लोवाकिया गणराज्य की फर्म Cink Czech से क्रय की गई है। इसी प्रकार उत्तरॉचल राज्य के कण्वाश्रम स्थान पर 100 किलोवाट क्षमता की लघु जल विद्युत परियोजना स्थापित की गई है। इस परियोजना की लागत 92.40 लाख रुपए है। यहाँ पर भी लगभग 77.77 लाख रुपए की मशीनरी चेकोस्लोवाकिया गणराज्य की फर्म Cink Czech से प्राप्त की गई हैं।

दोनों परियोजनाओं के लिए शेष धनराशि की व्यवस्था भारत सरकार एवं राज्य सरकारों के द्वारा की गई है। यदि इस डील को गहराई से देखा जाए तो निम्न निष्कर्ष निकाले जा सकते हैं :

1. यूएनडीपी/जीईएफ से जो सहायता प्राप्त हुई, उसका पूरा का पूरा इस्तेमाल विदेश से ही मशीनरी क्रय करने के लिए हुआ।

2. उपरोक्तानुसार विदेशी उत्पादों/मशीनरी के लिए बाजार की प्राप्ति हुई।
3. यह हो सकता है कि विदेशी मशीनरियों का बाजार तलाशने के लिए एवं डील करने के लिए यूएनडीपी/जीईएफ को सम्बन्धित फर्म से भी कुछ धनराशि मिली हो। सम्बन्धित देश की सरकार ने भी यूएनडीपी/जीई फंड में कन्ट्रीब्यूट करके अपने देश के उत्पाद के लिए बाजार प्राप्त करने की गारंटी को पूरा हुआ पाया हो।
4. प्रोजेक्ट के अन्य व्ययों (सिविल कार्यों आदि) हेतु धनराशि की व्यवस्था भारत सरकार और सम्बन्धित राज्य सरकारों द्वारा की गई हो। इसका निहितार्थ यह हो सकता है कि एक नीति के तहत विदेशी प्रोडेक्ट के इस्तेमाल के लिए मैचिंग मनी की गारंटी यूएनडीपी/जीईएफ द्वारा प्राप्त की जाती हो।
5. अन्तर्राष्ट्रीय सहायता के नाम पर विदेशों से मशीनरी क्रय करने/प्राप्त करने/इस्तेमाल करने की बाध्यता स्वीकार कर कहीं हम अपने देश के प्रोडेक्ट/समतुल्य श्रेणी की मशीनों की अवहेलना कर इसे नजरअंदाज कर स्वदेशी-वाद की हवा तो नहीं निकाल रहे हैं। स्पष्ट है कि विदेशी मशीनरियों का इस्तेमाल करने से बुरा असर हमारे उद्योग-धंधे पर पड़ेगा। उस स्थिति में जबकि हमारे देश में तत्सम्बन्धी तकनीक एवं उत्पाद उपलब्ध हैं अपने देश में ही इन्हें जब मार्केट नहीं मिलेगा तो इनकी कमर टूट जाना स्वाभाविक ही होगा।

कहने का तात्पर्य यह है कि लघु जल विद्युत परियोजनाओं के क्षेत्र में भी हमें विश्व बाजार बनाने के विदेशी षड्यन्त्र से बचना होगा।

कुल मिलाकर स्थिति यह है कि वैकल्पिक ऊर्जा के जिन क्षेत्रों का स्वदेशीकरण हो गया है, वे फलने फूलने की बजाय सरवाइवल के लिए या अपने देश के लोगों के बीच में ही टिके रहने के लिए संघर्ष कर रहे हैं और दम तोड़ने के कगार पर पहुँच गए हैं, वहीं दूसरी ओर वैकल्पिक ऊर्जा के जिन क्षेत्रों में विदेशी तकनीकी एवं विदेशी आयात का पक्ष शामिल है, उन्हें पल्लवित करने के लिए सारा का सारा मंत्रालय अपने देश के वित्तीय संसाधनों के साथ सपोर्ट करते हुए पूर्ण मनोयोग से जुटा हुआ है। होना यह चाहिए कि विदेशी आयात पर आधारित वैकल्पिक ऊर्जा के क्षेत्रों का प्रचार-प्रसार एवं उनसे सम्बन्धित कार्यक्रमों के क्रियान्वयन पर तत्काल रोक लगायी जाए और इस प्रकार से जो बचत हो, उससे स्वदेशी तकनीकी पर आधारित क्षेत्रों को प्रोत्साहित किया जाए एवं उन्हें आकर्षक बनाया जाए तथा शोध एवं विकास आदि के माध्यम से आय अर्जित करने का कार्य किया जाए।

अध्याय-6

सरकारी दावों का सच : तीन

आधारभूत ढाँचे की तैयारी पर भारी है विदेशी आयात

अपारम्परिक ऊर्जा स्रोत मंत्रालय, भारत सरकार द्वारा विभिन्न बैठकों एवं विभिन्न दस्तावेजों में यह दावा ठोंका गया है कि सौर फोटोवोल्टाइक क्षेत्र में केवल जापान, जर्मनी और यू.एस.ए. ही हमसे आगे हैं और भारत का विश्व में चौथा स्थान है। पवन ऊर्जा के क्षेत्र में भारत को सुपर पावर की पहचान भी विश्व में मिली हुई है और विश्व में हमारा पाँचवाँ स्थान तथा विकासशील देशों में हम नम्बर एक पर हैं।

यही नहीं, मंत्रालय द्वारा यह भी दावा किया जाता है कि भारत में सौर और पवन ऊर्जा की अपार सम्भावनाएँ भी मौजूद हैं। भारत में अपार सम्भावनाएँ होने की बात सच भी है परन्तु विरोधाभाषी पहलू यह है कि जब मंत्रालय के सामने इस प्रकार के आँकड़े उपलब्ध हैं कि सौर ऊर्जा एवं पवन ऊर्जा से कितने मेगावाट विद्युत उत्पादन की सम्भावनाएँ उपलब्ध हैं तो फिर इस सम्बन्ध में आधारभूत ढाँचे के विकास की ओर कोई ठोस प्रयास क्यों नहीं किया जाता। सौर ऊर्जा एवं पवन ऊर्जा के आँकड़े परिवर्तनीय तो हैं नहीं कि इसके आधार पर कोई स्थिर नीति एवं दूरगामी नीति अपनाई न जा सके या आधारभूत ढाँचे को स्थापित न किया जा सके। जब सौर ऊर्जा एवं पवन ऊर्जा की उपलब्धता एवं उससे ऊर्जा दोहन किए जाने की तस्वीर स्पष्ट है तो फिर सर्वप्रथम इसके लिए दूरगामी नीति तैयार करते हुए आधारभूत ढाँचा तैयार किया जाना चाहिए। बिना आधारभूत ढाँचे के विकास किए हुए विश्व समुदाय में अपनी अग्रण्यता का दावा ठोंकना महज अपने को भुलावा देना तथा धोखा देना है। कोई भी देश विश्व मंच पर बिना स्वयं के आधारभूत ढाँचे, स्वयं की तकनीक, स्वदेशी एवं स्वावलम्बन के बिना अग्रण्य नहीं बन सकता। विदेशों से सौर ऊर्जा के उपकरणों एवं पवन ऊर्जा के उपकरणों एवं उनकी तकनीक को आयात कर ऊँची दरों पर ऊर्जा की आवश्यकताओं की पूर्ति करना किसी भी प्रकार से श्रेष्ठता का पैमाना नहीं हो सकता। इस क्षेत्र में उपकरणों के आयात करने के बजाय हमें अपने संसाधनों को आधारभूत ढाँचा तैयार करने में लगाना चाहिए। जब तक हम इस क्षेत्र में स्वावलम्बी नहीं होंगे, स्वदेशी तकनीक पर आधारित नहीं होंगे, तब तक सौर ऊर्जा

एवं पवन ऊर्जा के क्षेत्र में अपनी श्रेष्ठता की बात कहना एवं अग्रण्य शक्ति कहना कोरा छलावा है। इस प्रकार की चलायी जा रही नीति एवं दावा एक तरह से विदेशी कम्पनियों के लिए देश को खुला बाजार बना लेना एवं उनका चारागाह बना देना है। अतः इस क्षेत्र में तत्काल नीति परिवर्तित करते हुए शोध एवं विकास एवं आधारभूत ढाँचे की तैयारी की जानी चाहिए।

अध्याय-7

सरकारी दावों का सच : चार

भावी लक्ष्य भी विश्व बाजार के लिए

अन्तर्राष्ट्रीय मंच पर यह निर्णय लिया गया है कि आगामी वर्षों में कुल स्थापित होनेवाली ऊर्जा में वैकल्पिक ऊर्जा की सहभागिता 10 प्रतिशत होनी चाहिए। भारत ने इससे अपनी प्रतिबद्धता व्यक्त की है। इसी प्रतिबद्धता पर प्रकाश डालते हुए परम्परागत ऊर्जा स्रोत मंत्रालय, भारत सरकार के माननीय मंत्री जी ने 18 फरवरी, 2001 को नई दिल्ली में आयोजित Workshop on Policies to Accelerate Renewable Energy Market Deployment. सेमीनार में अपने अध्यक्षीय भाषण में यह कहा कि :

> *"हमारी सरकार 21वीं शताब्दी में ऊर्जा क्षेत्र में वैकल्पिक ऊर्जा को केन्द्रीय भूमिका प्रदान करने के लिए कृत संकल्प है। हमारे माननीय प्रधानमंत्री जी ने यह घोषणा की है कि आगामी बारह वर्षों में यानि कि 2012 तक विद्युत उत्पादन की जो क्षमता बढ़ाई जानी है उस पर 10 प्रतिशत की सहभागिता अर्थात् 10,000 मेगावाट की क्षमता वैकल्पिक ऊर्जा से प्राप्त की जाएगी।"*

इसका एक निहितार्थ एवं गूढ़ार्थ यह है कि वैकल्पिक ऊर्जा के क्षेत्र में विदेशी उत्पाद के लिए निश्चित मात्र में बाजार की गारंटी उपलब्ध कराना और उस पर बाध्य हो जाना। वैकल्पिक ऊर्जा के विदेशी निर्माताओं के मध्य अब यह स्पष्ट है कि वे भारत में एक निर्धारित अंश तक अपने उत्पादों की बिक्री कर सकते है। इससे उनके उत्पात के लिए एक गारंटीशुदा बाजार तैयार हो गया है। बिना इस बात की गहराई में गए उस 10 प्रतिशत की पूर्ति स्वदेशी संसाधनों से किस प्रकार की जाए, अपने को उससे सम्बद्ध कर लेना, विदेशी उत्पात को अपने यहाँ गारंटी देने के सिवाय और क्या है? यदि इस बात की प्रतिबद्धता देनी ही थी तो उसमें इस बात का भी आकलन कर लेना चाहिए था कि इस 10 प्रतिशत में से पूरे का पूरा 10 प्रतिशत वैकल्पिक ऊर्जा के स्वदेशी संसाधनों से उत्पादित करना। इस दिशा में कार्ययोजना बनाने के लिए, शोध एवं विकास करने के लिए ढाँचा तैयार करना जरूरी है। यही नहीं वर्ष 2012 तक के 10 वर्षीय प्लान में यह भी देखा जाना चाहिए कि विद्युत उत्पादन का कितना अंश स्वदेशी तकनीक से पैदा किया जाता और कितना आयातित सुविधाओं से। यदि सौर एवं पवन ऊर्जा से

इस 10 प्रतिशत की पूर्ति करने की योजना हमारे नीति निर्धारकों की है—यहाँ न तो हमारी तकनीक होगी और न ही हमारा स्वदेशी कान्सेप्ट होगा और न ही हमारे देश के लोगों का वृहत् रोजगार सृजन आदि का लाभ होगा तो ऐसे लक्ष्य को देश हित में तिलांजलि दे देना ही सामयिक है। क्योंकि कोई भी नीति एवं योजना लागू करते समय एवं क्रियान्वित करते समय हमें चाहिए कि निम्न प्राथमिकताओं को ध्यान में रखा जाए :

1. इससे व्यक्ति विशेष को क्या लाभ मिल रहा है और किस कीमत पर।
2. देश पर क्या बोझ पड़ रहा है देश को क्या मिल रहा है और किस कीमत पर।

देश हित की कीमत पर एवं देश पर बोझ बनकर यदि व्यक्ति को लाभ पहुँचाने की नीति अपनाई जाती है तो उस नीति को हतोत्साहित करना चाहिए। इसी आधार पर स्वदेशी के माध्यम से ऊर्जा का प्राथमिक लक्ष्य निर्धारित करना चाहिए। वैकल्पिक ऊर्जा के विदेशी हिमायतों की वास्तविक मंशा जानने के लिए भी यह आवश्यक है

यदि भारत यह निर्णय सुना दे कि वह 10 प्रतिशत की पूर्ति स्वदेशी तकनीकियों से करेगा तो अन्तर्राष्ट्रीय मंच पर 10 प्रतिशत की पूर्ति वैकल्पिक ऊर्जा के माध्यम से करने को स्वीकार कर लेने पर भारत की पीठ ठोकनेवाले देशों का मुँह लटक जाएगा, वहीं नीति निर्धारकों की पोल खुल जाएगी। नीति निर्धारकों को यह स्पष्ट कर देना चाहिए कि वे बायोगैस, गैसीफायर, को-जनरेशन, एनएसबीपी या यहाँ कहीं भी पूर्ण स्वदेशी तकनीकी उपलब्ध हो, उनके माध्यम से इन आवश्यकताओं की पूर्ति करें। ऐसा करके ही हम विदेशी बाजार के मकड़जाल से अपने को बचा सकते है और सच्चे अर्थों में देशहित हो सकता है।

उपसंहार

आज पूरी दुनिया में जो ग्लोबल वार्मिंग का शोर मचाया जा रहा है, ग्रीन हाउस गैसों के इमिशन, ओजोन लेयर में बड़ा छेद बन जाने की बात कही जा रही है, आखिर इसके लिए कौन जिम्मेदार है। विकास की अँधी पटरी पर भागते हुए विकसित देश क्या इसके लिए एकमात्र दोषी नहीं हैं। अपनी ऊर्जा आवश्यकताओं को परम्परागत साधनों से पूरा करके, सरप्लस की स्थिति में होने के बाद कार्बन इमीशन से छुटकारा पाने की सोच इनमें आई है। यदि ओजोन लेयर क्षरण को लेकर उनके अंदर इतनी ही संवेदनशीलता और ईमानदारी है तो वे कार्बन इमीशन करनेवाले अपने परम्परागत ऊर्जा स्रोतों के संयंत्रों को बंद क्यों नहीं कर देते? इसकी ज़गह वैकल्पिक ऊर्जा के उस क्षमता के संयंत्र स्थापित क्यों नहीं करते। कारण साफ है कि उनकी नीयत में ईमानदारी नहीं है। ऐसा प्रचार एवं ऐसा आडम्बर उन्होंने फैला रखा है कि जिससे लगता है अब केवल विकासशील देश ही (जो अपनी ऊर्जा की न्यूनतम आवश्यकताओं को भी पूरा नहीं कर पा रहे हैं) ओजोन लेयर क्षरण रोक सकते हैं। इसलिए उन्हें ग्रीन हाउस गैस इमिट करनेवाले परम्परागत ऊर्जा के संयंत्रों की स्थापना को प्रोत्साहित नहीं करना चाहिए। इसके लिए विकसित देश काफी बढ़चढ़ कर गारंटी उपलब्ध कराने, ऋण उपलब्ध कराने, उपकरण उपलब्ध कराने के लिए भी सामने आ रहे हैं।

विकासशील देश इस सहायता को ग्लोबल कन्सर्न का मुद्दा मानते हुए भ्रमित होकर स्वीकार कर रहे हैं। वैकल्पिक ऊर्जा के महँगे संयंत्रों को महँगी विदेशी तकनीक को अपने यहाँ प्रोत्साहित कर रहे हैं। परिणामस्वरूप इनसे उत्पादित होनेवाली अत्यन्त महँगी ऊर्जा का मूल्य भार अपने सिर पर ढो रहे हैं। वैकल्पिक ऊर्जा से उत्पादित विद्युत कितनी आर्थिक उपादेय है एवं हमारी अर्थव्यवस्था उसे कहाँ तक ढो सकती है, इसे निम्न सारिणी से समझा जा सकता है।

स्थापना लागत एवं नवीनीकृत ऊर्जा

प्रकार		स्थापना लागत (रुपए-करोड़) में/प्रति यूनिट	ऊर्जा की लागत रुपए प्रति यूनिट	टिप्पणी
सोलर फोटो वोल्टाइक		30 से 40	10 से 15	विशेष परिस्थितियों के लिए व्यवाहारिक, किलोवाट प्लांट लोड फैक्टर 25 प्रतिशत
वायु		4 से 5	5 से 8	उच्च वायुदाब क्षेत्र ग्रिड से सामंजस्य के लिए उपयोगी प्लांट लोड फैक्टर 25 प्रतिशत
माईक्रो हाइडिल		4 से 6	4 से 6	विशेष स्थान पर ग्रिड से सामंजस्य और पावर लोड फैक्टर 70 प्रतिशत
बायो रेजीड्यूज	डीजल इंजिन	2 से 3.5	3.5 से 4	प्लांट एग्रो रेजीड्यूज इंजिन तथा रेजीड्यूज का उपभोग ग्रीड तथा स्टैंड प्लांट एप्लिकेशंस 3 किलोवाट प्लांट लोड फैक्टर 75 प्रतिशत
	गैस इंजिन	2.5 से 4	2 से 4	100 से 1000 मेगावाट प्लांट तोड फैक्टर 80 प्रतिशत
थर्मल पावर (केन्द्रीय)		3 से 5	2.2 से 2.75	100 से 1000 मे.वा. प्लांट तोड फैक्टर 80 प्रतिशत

उपरोक्तानुसार कीमती ऊर्जा विकसित देशों के लिए तो बौद्धिक संतुष्टि एवं विलास का माध्यम हो सकती है परन्तु भारत जैसे गरीब एवं विकासशील देश के लिए यह उसकी अर्थव्यवस्था पर खुली डकैती है। हमे बिना इस बात की परवाह किए हुए कि परम्परागत ऊर्जा के संयंत्रों की स्थापना से ग्रीन हाउस गैसों का इमीशन होगा, उससे ओजोन लेयर का क्षरण होगा, ग्लोबल वार्मिंग बढ़ेगी अपनी जनता की न्यूनतम ऊर्जा आवश्यकता को सस्ती दर पर पूरा करने का प्रयास करना चाहिए। यदि विकसित देश वास्तव में ओजोन लेयर के क्षरण के प्रति जागरूक हैं या ईमानदारी से चिंतित हैं तो उन्हें विकासशील देशों को बिना किसी शर्त के सस्ती से सस्ती दर पर वैकल्पिक ऊर्जा के संयंत्रों एवं तकनीकी को उपलब्ध कराना चाहिए। ओजोन लेयर को जो क्षति उनके कार्यकलापों से हुई है, उसकी पूर्ति हेतु विकासशील देशों को इतनी अधिक सब्सीडी एवं गारंटी वैकल्पिक ऊर्जा

के संयंत्रों को स्थापित करने के लिए देनी चाहिए जिससे कि वैकल्पिक ऊर्जा के मूल्य एवं परम्परागत ऊर्जा के मूल्य में बराबरी आ जाए या वैकल्पिक ऊर्जा पारम्परिक ऊर्जा से सस्ती दर पर उपलब्ध हो जाए। पर्यावरण संरक्षण के नाम पर, ओजोन संरक्षण के नाम पर विकसित देशों की व्यापार क्षमता को बढावा देने की इजाजत इस गरीब देश को नहीं देनी चाहिए। अपने लोगों की ऊर्जा की आवश्यकता को पूरा करने के लिए जब विकसित देशों ने ओजोन लेयर, ग्रीन हाउस गैसों की चिंता नहीं की तो फिर

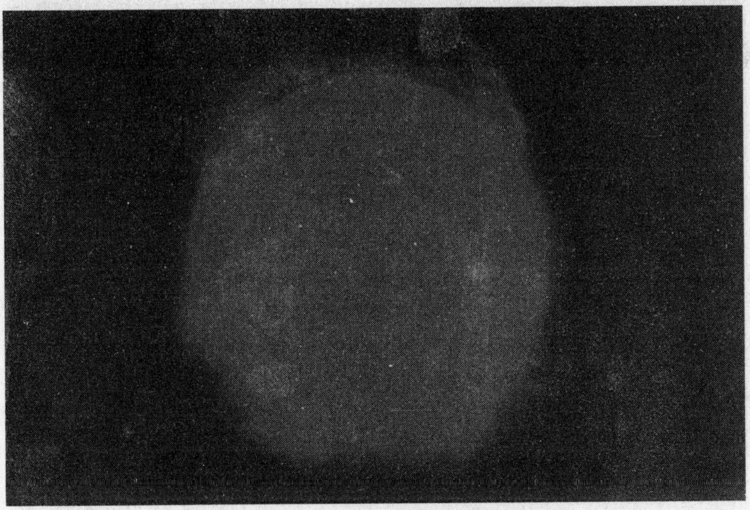

There's no better guarantee under the sun.

(विज्ञापन के तौर पर ही सही, सोलर ऊर्जा की आर्थिक उपादेयता पर कटाक्ष तो है ही)

विकासशील देशों पर अपने नागरिकों को न्यूनतम ऊर्जा को उपलब्ध कराते समय इस प्रकार के प्रतिबंध क्यों लगाए जा रहे हैं या उपरोक्तानुसार पर्यावरण की चिंता करने के लिए क्यों बाध्य किया जा रहा है और यदि वाध्य किया जा रहा है तो सहायता करने में भी ईमानदारी बरतनी चाहिए।

भारत जैसे गरीब देश जो प्रति व्यक्ति न्यूनतम ऊर्जा की आवश्यकता पूरी करने में भी सक्षम नहीं है एवं उससे बहुत पीछे है, लक्ष्य यह होना चाहिए कि लोगों को उनकी आवश्यकताओं के अनुसार सर्वप्रथम ऊर्जा उपलब्ध कराई जाए।

यह ऊर्जा परम्परागत भी हो सकती है। हमारे देश की आर्थिक स्थिति एवं जनसाधारण की क्रय शक्ति के अनुसार जो ऊर्जा अनुकूल हो, वहीं हमें उपलब्ध करानी चाहिए। इसमें कोई संदेह नहीं है कि वैकल्पिक ऊर्जा की लागत पारम्परिक ऊर्जा की तुलना में बहुत ज्यादा है। अतः लोगों को ऊर्जा की आवश्यकता की पूर्ति का प्राथमिक

लक्ष्य निर्धारित करते हुए, वैकल्पिक ऊर्जा पर व्यय करने एवं उसके माध्यम से तब ही लोगों की ऊर्जा की आवश्यकता की पूर्ति करनी चाहिए जब तक वैकल्पिक ऊर्जा का स्वदेशीकरण न हो जाए और इसकी लागत पारम्परिक ऊर्जा से कम न हो जाए। हमारे देश एवं समाज में हर व्यक्ति यह चाहता है कि उसे ऊर्जा मिले, स्थिर मिले, भले ही वह वैकल्पिक हो अथवा परम्परागत। आज हम यह लक्ष्य लेकर कि वैकल्पिक ऊर्जा से 10 प्रतिशत ऊर्जा की पूर्ति करेंगे, बिना लागत मूल्य का ध्यान रखते हुए प्रमोट करते चले जा रहे है। यह कोई सुविचारित नीति नहीं है। पारम्परिक ऊर्जा तथा गैर-पारम्परिक ऊर्जा में जो सस्ती हो, उसे ही प्रमोट किया जाना चाहिए और महँगी वैकल्पिक ऊर्जा को छोड़ देना ही ठीक होगा। सब विकसित देश जो आज वैकल्पिक ऊर्जा को विकासशील देशों में बढ़ावा देने के लिए भारी प्रचार फैलाए हुए हैं, अपनी ऊर्जा की आवश्यकता को पारम्परिक ऊर्जा के माध्यम से ही पूरा कर रहे हैं। शायद ही कोई ऐसा विकसित देश होगा, जो अपने नागरिकों को ऊर्जा की आवश्यकता की पूर्ति के लिए वैकल्पिक ऊर्जा का मोहताज हो। जिस भी विकसित देश में वैकल्पिक ऊर्जा को बढ़ाया जा रहा है, वहाँ पर ऊर्जा की आवश्यकता पारम्परिक ऊर्जा से पूरी है? यदि पूरे विश्व में ऊर्जा की प्रतिपूर्ति का विश्लेषण करें तो हम पाते हैं कि 34.8 प्रतिशत तेल से, 23.5 प्रतिशत कोयले से, 2.11 प्रतिशत प्राकृतिक गैस से, 6.8 प्रतिशत नाभिकीय स्रोतों से, 10 प्रतिशत पारम्परिक बायोमास से एवं मात्र 3.8 प्रतिशत की प्रतिपूर्ति अन्य नवीकरणीय स्रोतों से हो रही है। यदि वर्तमान में विद्युत उत्पादन में नवीकरणीय ऊर्जा के योगदान की समीक्षा की जाए तो स्थिति और भी चौंकानेवाली सामने आती है। पूरे विश्व में बायो ऊर्जा की हिस्सेदारी 26.5 प्रतिशत और भारत में 14 प्रतिशत, जल ऊर्जा का विश्व उत्पादन 60.4 प्रतिशत है जबकि भारत में इसका योगदान 37.8 प्रतिशत है। भूगर्भीय ऊर्जा आज पूरे विश्व में 11.5 प्रतिशत उत्पादित हो रही है, जबकि भारत में इसका उत्पादन शून्य है। इसी से मिलती-जुलती स्थिति ज्वार भाटी ऊर्जा की है, जो विश्व स्तर पर 0.1 प्रतिशत है और भारत में शून्य प्रतिशत है। सबसे रोचक एवं विश्लेषण करने योग्य स्थिति सौर ऊर्जा और पवन ऊर्जा की है। सौर ऊर्जा में विश्व स्तर पर कुल उत्पादन की हिस्सेदारी 01 प्रतिशत है जबकि भारत में यह 1.6 प्रतिशत है। इसी प्रकार पवन ऊर्जा का विश्वस्तरीय उत्पादन 0.7 प्रतिशत है जबकि भारत में यह करीब 50 गुणा ज्यादा 46.6 प्रतिशत तक है।

उपर्युक्त विश्लेषण यह सिद्ध करने के लिए पर्याप्त हैं कि सौर ऊर्जा और पवन ऊर्जा के क्षेत्र में भारत किस प्रकार बड़ा विश्व बाजार बना हुआ है। सौर ऊर्जा और पवन ऊर्जा के क्षेत्र में विश्व स्तर पर भारत की अग्रगण्यता को लेकर जो पीठ थपथपाई जाती है और हम भी सारे विश्व को दौड़ में पीछे छोड़ देने की गर्वोक्ति करते हैं, वह पूरी तरह से दिवा-स्वप्न है। वास्तविकता यह है कि हम इन दोनों ही क्षेत्रों में विश्व में सबसे बड़े उपभोक्ता हैं, उत्पादक नहीं। हम अपने यहाँ सबसे ज्यादा इन दोनों ऊर्जाओं का मार्केट बना रहे हैं। यही है इस अग्रगण्यता की सच्चाई।

कुल मिलाकर ऐसा प्रतीत होता है कि विकसित देश एक सोची-समझी एवं योजनाबद्ध ढंग से बनाई गई नीति के तहत ही पारम्परिक ऊर्जा को वैकल्पिक ऊर्जा से रिप्लेस करने की ओर बढ़ रहे हैं या वे वैकल्पिक ऊर्जा के उत्पादन को इस हद तक बढ़ावा दे रहे हैं, यहाँ इससे सामाजिक सुधार के विषय से जोड़ा गया है जैसे-म्यूनिसिपल सालिड वेस्ट को बढ़ावा देने की नीति, जिसमें प्रदूषण एवं सैनिटेशन निहित है। अन्य क्षेत्रें में वैकल्पिक ऊर्जा के उत्पादन को बढ़ावा देना महज विकासशील देशों को अपना अनुकरण करने को प्रोत्साहित करना ही है। कहने का तात्पर्य यह है कि विकसित देशों में वैकल्पिक ऊर्जा का उपयोग एवं उसके प्रयोग का उद्देश्य या तो सामाजिक सेवाओं से जुड़ा हुआ है या विश्व के विकासशील देशों में अपने बाजार की स्थापना के प्रयास से जुड़ा है। विकसित देशों में सौर ऊर्जा, पवन ऊर्जा के प्रयोग को बढ़ावा देना, दुकान में लगे हुए शो केस जैसा है। जिससे आकर्षित होकर विकासशील देशों के लोग उनके उद्योगों के माल को खरीदकर अपने-अपने देशों में प्रयोग में लाए। विकसित देश विकासशील देशों के वैकल्पिक ऊर्जा की ओर ग्राहकों को आकर्षित कर, उन्हें बाध्य कर उन्हें मात्र उपभोक्ता बनाने की सोची-समझी नीति पर चल रहे हैं।

सन्दर्भ ग्रन्थ

1. वार्षिक प्रतिवेदन, 1999-2000 अपारम्परिक ऊर्जा स्रोत मंत्रालय, भारत सरकार
2. 14th Annual Report 2000-2001 (IREDA)
3. SOLAR PROGRESS, Renewable Energy for Australasia
4. भारत में विज्ञान और प्रौद्योगिकी-पत्रिका
5. RENEWABLE ENERGY TECHNOLOGY : Souvenior of the 24 National Renewable Energy Convention 2000
(November 3, December 2, 2000)
6. INDIAN ECOMNOMY-Dutta & Sundaram
7. Different Issues of Times of India & Hindustan
8. Houghton John. 1996. Damger sogmal. *In our Planet :* Vol 7(5). The United Nations Environment Programme Magazine for Sustainable Development.
9. IPCC. 1995. *Climate Change 1994: Radiative Forcing of Climate Change and An Evaluation of the IPCC IS92 Emission SCenarios.* Houghton J.M. Meira Filho LG, Bruce, J, Hoesung Lee, Callander BA, Haites E. Harris N, Maskell k (eds). Cambridge University Press.
10. OPCC. 1996. *Climate Change 1995:* The Science of Climate Change. Summary for Policymakers and Technical Summary of the Workng Group I Report. Part of the working Group I contribution to the Second Assessment Report of the IPCC.
11. Mintzer. M.I. Living in a Warming World. *In Confronting Climate Change : Risks, Implications and Responses.* Cambridge: Cambridge University Press. 382 pp.
12. UNEP/GEMS. 1987. Environment Library No. 1 *The Greenhouse Gases,* UNEP.
13. IPCC. 1990. *Climate Change: the IPCC Scientific assessment.* Report prepared for IPCC by Working Group I. Hoghton J T, Jenkins G J and Epharaums J J (eds). World Meteorological Organisation/United Nations Development Programme.

●●●